柑橘加工实用技术

方修贵　主编

中国农业出版社
农村设物出版社
北　京

主　　编　方修贵

参编人员　黄洪舸　曹雪丹　赵　凯

章作波

前言

FOREWORD

柑橘是全球的大宗农产品，目前我国柑橘的栽培面积与总产量均达世界首位。柑橘产业对我国南方地区农民增收、农村经济发展起到了很大的促进作用。然而，我国目前柑橘加工比例较低，随着产量的快速增长，经常会出现增产不增收、橘贱伤农等现象。

柑橘全身都是宝，可加工成罐头、果汁、水果茶和果酒等产品。柑橘果皮含有丰富的功能性成分，除直接加工成药材外，还可提取精油、果胶及其他功能性物质，作为食品添加剂和药品、保健品及日化产品等的重要原料。

编者从事柑橘加工生产与技术研究数十年，现将一些经验所得编写成《柑橘加工实用技术》一书。由于水平有限，书中难免存在不足之处，恳请读者批评指正。

编　者

2023年1月于浙江黄岩

目录
CONTENTS

第一章　概　　论

一、柑橘果实的组织结构及主要营养成分

（一）柑橘果实的组织结构

1. 柑橘果实的外形　芸香科柑橘属植物是世界上最奇妙的植物之一，属内各种植物树形可从矮小的灌木直到高大的乔木，果实重量也可从金豆不足 1 g 到柚子重达几千克，叶翼比例与大小相差悬殊，果实形态千奇百怪（如图 1－1），构成了一个五彩缤纷的柑橘家族。

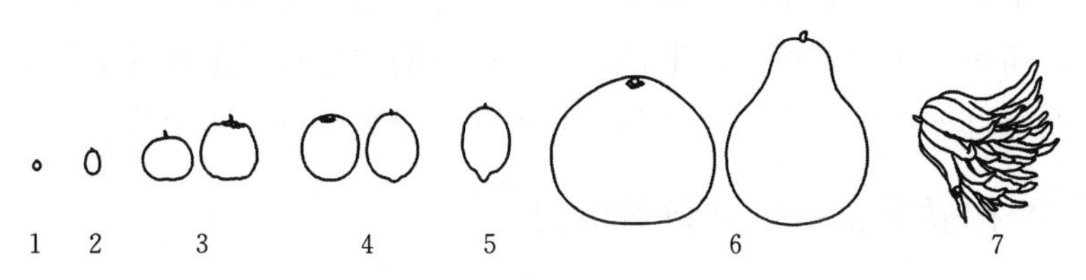

图 1－1　柑橘属果实形状

1. 金豆　2. 金柑　3. 宽皮柑橘　4. 甜橙　5. 柠檬　6. 柚子　7. 佛手

2. 柑橘果实解剖结构　柑橘果实由果皮、囊瓣和中心柱等组成，囊瓣中含有种子，其解剖结构如图 1－2 所示。

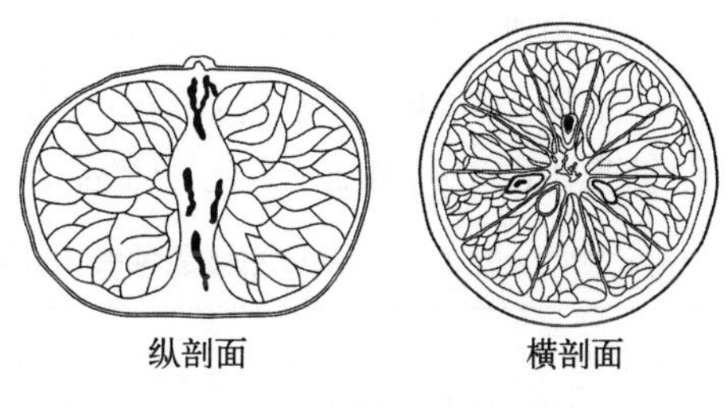

图 1－2　柑橘果实剖面图

（1）果皮　柑橘果实的果皮包括外果皮与中果皮（黄皮层和白皮层），内果皮发育成为囊瓣壁。

① 外果皮　柑橘的外果皮即表皮，表皮细胞多呈三角形，外壁角质化。表皮细胞的外部覆盖着一层蜡质。外果皮中还有气孔，由 1 对保卫细胞组成，是柑橘果实进行呼吸的通道。

柑橘的外果皮常黏附着大量的真菌与细菌，同时也是直接接触农药的部位，因此，是柑橘加工品的主要污染源，故加工的首道工序必须对柑橘外果皮进行清洗、消毒。

② 中果皮　柑橘中果皮包括黄皮层与白皮层，黄皮层含有油胞，白皮层则由一些维管系统组成。

油胞为一空腔，内含柑橘精油，其周围为一圈退化的细胞。不同柑橘种类间油胞的数量及大小有较大的差异，精油含量宽皮柑橘类较高，橙类次之。

白皮层处于黄皮层与内果皮之间，俗称“海绵层”。此层富含果胶，不同柑橘种类间果胶的含量与质量差异很大，柠檬最佳，橙类次之，宽皮柑橘类较差。

白皮层中还含有类黄酮和柠檬苦素类物质，白皮层中类黄酮物质较砂囊、囊瓣壁或黄皮层为多。

（2）囊瓣　柑橘的囊瓣，即植物学上的心室。柑橘囊瓣由囊瓣壁、砂囊及种子组成，无核品种的柑橘种子消失或退化。囊瓣壁外部为橘络，各个囊瓣在果实内呈环状排列，其中心部位为中心柱。

（3）中心柱　由几条维管束及其周围海绵状组织构成，其中一些维管束连至种子，而另一些维管束连接果蒂，一些橙类的中心柱与退化种子紧密连接在一起，在果茸加工中，必须连果芯一起去除，以免影响果茸质量。

（二）柑橘果实的主要营养成分

柑橘果实的营养成分主要由碳水化合物、有机酸、含氮化合物、脂肪、矿物元素及一些功能性物质组成。

1. 碳水化合物　柑橘果实中所含的干物质主要为碳水化合物，主要的碳水化合物有单糖、双糖及多糖类物质等。

（1）单糖、双糖类　柑橘果实中所含的糖类主要由蔗糖为主的双糖及葡萄糖、果糖为主的单糖组成，部分柑橘品种果汁中所含的糖类见表 1－1。

表 1－1　部分柑橘品种每 100 g 果实中糖分的含量（g）

品种	总糖	蔗糖	葡萄糖	果糖
温州蜜柑（宫川）	10.75	6.66	1.77	1.97
椪柑	9.87	5.74	1.73	2.09
本地早	8.56	4.79	1.38	2.31
玉环文旦	7.31	4.48	0.86	1.71
纽荷尔脐橙	10.23	6.12	1.81	1.97

资料来源：浙江省柑橘研究所中心化验室。

（2）多糖类 除了单糖、双糖外，柑橘果实中还含有纤维素、半纤维素、葡聚糖、阿拉伯聚糖、木聚糖等多种多糖类物质。多糖类物质主要存在于细胞壁中，与果胶一起起到构成细胞骨架等的作用。和所有的植物纤维素一样，柑橘纤维素对人体肠胃具有良好的保护作用。

2. 有机酸 水果中有机酸的种类较丰富，其酸分构成也有一定的规律：大多数果实中以一种或两种有机酸为主，其他的有机酸则以微量形式存在，柑橘果实中有机酸构成也是如此。Yamaki 分析了 47 个不同柑橘品种果实中有机酸的组分，发现柑橘果实中含有柠檬酸、苹果酸、乙酸、草酸、乳酸、戊二酸、富马酸、异柠檬酸、琥珀酸、丙酮酸、甲酸、α－酮戊二酸等成分，并且发现柠檬酸在高酸果实中占主要成分，其他成分都是微量酸。而在低酸或无酸果实中，则以苹果酸为主，其次才是柠檬酸。由此可见，不同品种之间有机酸的含量还是有很大差异的。

异柠檬酸常被作为检测柑橘类果汁真假和质量的一个指标，纯橙汁中柠檬酸含量与 d-异柠檬酸二者的比值通常小于 150，如果高于这个比值则表示果汁可能掺假。表 1－2 是几个主要柑橘品种果汁中有机酸含量的检测结果。

表 1－2 主要柑橘品种每 100 mL 果汁中有机酸种类及含量（g）

种类	柠檬酸	苹果酸	琥珀酸	丙二酸
脐橙	0.72	0.12	0.06	0.04
伏令夏橙	0.81	0.16	0.13	微量
红橘	0.86	0.21	—	—
温州蜜柑	0.80	0.08	微量	—
柠檬	4.38	0.26	0.03	—
莱姆	1.68	0.25	0.03	—
葡萄柚	0.95	0.13	0.86	0.04

资料来源：叶兴乾等，2004。

3. 含氮化合物 柑橘类果实中含有少量的含氮物质，其含量在 0.7%～1.2%，主要成分为氨基酸，还有少量的蛋白质，包括一些酶类（表 1－3）。

表 1－3 柑橘不同种类不同部位氨基酸的含量（mg/kg）

氨基酸类型	默科特皮	默科特肉	夏橙皮	夏橙肉	柠檬皮	柠檬肉
天冬氨酸	21.42	10.75	18.97	8.53	30.88	20.32
苏氨酸	6.41	1.73	4.63	1.72	2.61	1.46

（续）

氨基酸类型	默科特皮	默科特肉	夏橙皮	夏橙肉	柠檬皮	柠檬肉
丝氨酸	10.51	2.72	6.89	2.87	3.78	5.69
谷氨酸	17.90	6.49	13.92	6.30	11.22	7.62
甘氨酸	8.02	1.93	6.60	1.82	3.14	1.45
丙氨酸	9.39	3.27	6.38	2.78	4.04	3.98
胱氨酸	0.55	0.27	0.55	0.35	0.37	0.37
缬草氨酸	7.33	2.01	5.43	2.01	2.94	1.44
甲硫氨酸	0.10	0.12	0.06	0.13	0.07	0.12
异亮氨酸	5.07	1.30	4.23	1.37	2.22	0.97
亮氨酸	9.24	2.44	7.54	2.53	4.12	1.82
酪氨酸	4.72	0.72	3.20	1.05	1.58	0.82
苯丙氨酸	5.71	1.84	5.45	1.92	2.62	1.23
赖氨酸	12.20	3.74	9.25	3.92	5.15	2.71
组氨酸	4.04	1.33	3.08	1.11	1.89	0.93
精氨酸	6.02	6.29	6.18	8.31	4.36	3.98
脯氨酸	29.12	47.72	14.55	16.98	6.30	7.21

资料来源：陈源等，2012。

柑橘氨基酸是加工及加工品储藏过程中美拉德反应的一种主要的原料物，会使加工品产生褐变现象。

柑橘汁中氨基态氮及L-脯氨酸的含量是柑橘汁的一个重要参数，可作为柑橘汁纯度的判定指标。

4. 脂肪　柑橘果实脂肪含量很低，除种子外，果实其他部分的脂肪含量在0.2%左右。柑橘种子中含有大量的脂肪酸（表1-4），可以压榨提取，作为工业用油。柑橘种子油中含有大量的不饱和脂肪酸，是一种良好的食用油源。

表1-4　柚核油、橙核油、橘核油中脂肪酸组成（%）

脂肪酸名称	柚核油	橙核油	橘核油
肉豆蔻酸	0.08	0	0
棕榈油酸	0.14	0.83	0.57
棕榈酸	19.61	8.90	11.57

（续）

脂肪酸名称	柚核油	橙核油	橘核油
十七烷酸	0.06	0.27	0.25
亚油酸	45.15	54.60	52.04
油酸	30.60	26.82	27.05
硬脂酸	3.93	7.36	5.75
11-二十碳烯酸	0.09	0.17	—
花生酸	—	0.17	1.00
二十二烷酸	—	0.67	—
二十碳四烯酸	—	—	1.36

资料来源：焦士蓉等，2007。

5. 矿物元素 柑橘果实中含有丰富的矿物元素，主要有钾、磷、钙、镁、铁、锌、锰、铜等（表1-5）。柑橘果实的大部分矿物元素，对调节人体生理机能起重要作用，但铜、铅等重金属过量则会损害人体健康。

表1-5 四种柑橘品种果实不同部位矿物质的含量（mg/kg 鲜重）

部位	品种	钾	钙	镁	铁	锰	铜	锌
果皮	本地早	5 890	7 645	1 015	32.56	8.41	3.53	8.06
	温州蜜柑	9 690	4 138	1 075	32.28	7.28	3.69	5.16
	椪柑	10 490	3 610	384	27.34	3.91	3.78	8.34
	瓯柑	8 080	3 533	955	22.34	19.56	3.16	8.66
果肉	本地早	1 600	2 959	794	22.33	5.69	8.54	11.06
	温州蜜柑	1 480	945	1 041	19.00	7.08	7.88	10.41
	椪柑	1 490	2 328	744	26.62	5.02	7.87	13.15
	瓯柑	1 500	2 151	963	22.17	18.11	6.97	10.82
果汁	本地早	16 300	1 146	795	19.86	4.74	5.42	10.38
	温州蜜柑	13 200	750	697	19.39	4.07	5.22	8.48
	椪柑	22 000	1 464	1 093	25.94	4.22	8.01	13.11
	瓯柑	19 000	1 015	910	16.41	10.13	5.13	17.05

资料来源：王芳权，2002。

6. 功能性物质

（1）维生素C 维生素C是柑橘果实中的主要维生素，也是柑橘果实的标志性营养成分，其含量名列各种果蔬的前茅。一般橙类、橙类与宽皮柑橘的杂交品种中其维生素C含量比宽皮柑橘类明显要高（图1-3），果皮中维生素C含量比果肉中要高。

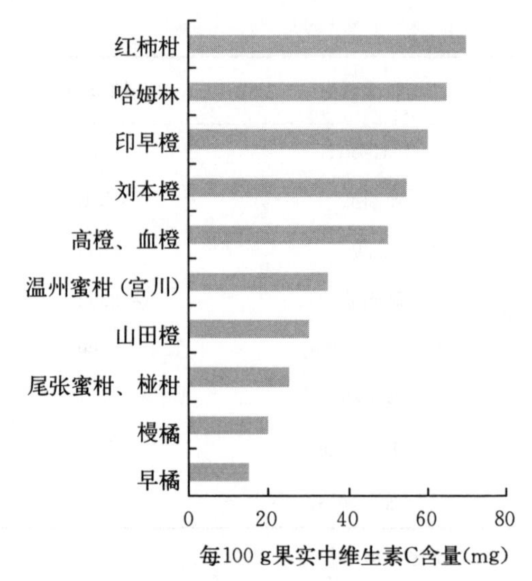

图1-3　不同柑橘果实的维生素C含量

维生素C在柑橘内以L-抗坏血酸形式存在，随着柑橘果实的衰老，逐渐被氧化成脱氢抗坏血酸，其抗氧化的能力逐渐减弱。

柑橘中的维生素C与加工品的褐变有明显的相关性。在加工过程中，L-抗坏血酸氧化形成脱氢抗坏血酸，再水合形成二酮古洛糖酸，脱水、脱羧后形成糠醛，糠醛再与柑橘中所含的氨基酸产生羰氨反应，形成褐色素。

维生素C是柑橘中最重要的功能性物质，据研究，维生素C的主要生理功能有：①抗氧化作用，防止自由基对人体的伤害。②促进人体胶原蛋白的合成。③治疗维生素C缺乏症。④预防牙龈萎缩、出血。⑤预防动脉硬化。⑥治疗贫血。⑦抗癌防癌。⑧解毒，保护肝脏。⑨提高人体的免疫力及机体的应激能力。

（2）果胶质　柑橘果实中的果胶是一种以D-吡喃半乳糖醛酸聚合而成的长链多分子化合物，按其链的长短、长链上结合的基团及在水中的溶解度不同，可分为原果胶、果胶和果胶酸等。部分柑橘种类果实的果胶含量见表1-6。

表1-6　主要柑橘种类每100 g鲜重果实中果胶的含量（g）

种类	全果	黄皮层	白皮层	囊衣	砂囊壁	果汁	种子
甜橙	2.4	4.4	5.8	4.8	2.2	0.09	3.2
红橘	1.7	2.4	5.4	2.9	2.6	0.01	0.5
柠檬	3.5	5.1	7.6	4.6	2.1	0.08	2.6
葡萄柚	2.2	5.6	2.8	3.8	1.7	0.08	3.6

资料来源：Nagy等，1977。

① 原果胶　存在于未成熟柑橘果实细胞壁间的中胶层，与纤维素结合，使细胞黏连，使未成熟果实显得脆硬。随着果实的成熟，原果胶在原果胶酶的作用下，分解成果胶，果实变软。

② 果胶　果胶是一种以 α-1,4 糖苷键结合的长链多糖，D-吡喃半乳糖醛酸上的羟基以部分甲酯化的形式存在。根据甲酯化程度的高低，可将果胶分为高甲氧基果胶（HMP）和低甲氧基果胶（LMP）2 类。

③ 果胶酸　当柑橘果实过熟时，果胶受果胶酯酶的作用分解为果胶酸，果胶酸不溶于水。

（3）类黄酮　类黄酮是指分子结构中基本母核为 2-苯基色原酮类化合物，现在则泛指两个具有酚羟基的苯环通过中央三碳原子相互连接的一系列化合物，在柑橘果汁中类黄酮总含量为 1 100～1 200 mg/kg。

橙皮苷是柑橘果实中含量最高的一种类黄酮物质，尤其在未成熟的柑橘果实中含量较高。在柑橘果实生长的第一、第二次生理落果中，橙皮苷的最大含量可以达到果实干重的 20%左右。表 1-7 是温州蜜柑（宫川）果实不同部位橙皮苷的含量。

表 1-7　温州蜜柑（宫川）果实不同部位橙皮苷的含量（mg/kg 鲜重）

项目	橘皮	橘肉	橘络	橘籽
橙皮苷含量	332.21	50.85	581.34	641.73

资料来源：王建安等，2013。

橙皮苷能增强毛细管的韧性，具有防止微血管破裂出血的作用，用于高血压和心肌梗死的辅助治疗。橙皮苷的衍生物甲基橙皮苷，不仅具橙皮苷的类似作用，还能抑制导致皮肤变色的酪氨酸酶的作用，故可用于制作治疗色斑等的化妆品。

橙皮素单葡萄糖苷也是一种橙皮苷的深加工产品，其对扩张微血管、保护心脏和血管及抗衰老效果更佳，有良好的应用前景。

新橙皮苷和柚皮苷也是柑橘中两种重要的黄酮类物质，是柑橘果实中的苦味物质。

新橙皮苷有改善毛细血管的脆性和血浆中蛋白质通透性过高的作用，可作为合成高甜度新型甜味剂新橙皮苷二氢查耳酮的原料。

柚皮苷具有降低血浆中总胆固醇和低密度脂蛋白胆固醇（动脉粥样硬化的主要致病因素）水平的作用。在食品工业上，柚皮苷既可作为天然色素、风味改良剂和苦味剂用于食品、饮料的生产，又可作为合成高甜度新型甜味剂柚皮苷二氢查耳酮的原料。表 1-8 是不同品种柚果实不同部位中的柚皮苷含量。

表 1-8　每 100 g 柚新鲜果实不同部位柚皮苷含量（mg）

品种	果皮	砂囊	种子
蓬溪柚	489.82	25.41	9.96
台北柚	832.76	13.50	71.50
五步红心柚	540.25	2.34	8.50

资料来源：杨爽等，2007。

（4）类柠檬苦素　类柠檬苦素是三萜类植物次生代谢产物，研究人员已从柑橘属植物中分离出 38 种柠檬苦素类似物及 17 种柠檬苦素类似物配糖体。其中，柠碱、诺米林、诺米林酸、宜昌银、异柠碱等为苦味物质。柑橘苦味产生的原因之一为类柠檬苦素，具有强烈苦味的柠檬苦素和诺米林，如果在柑橘果汁中含量超过 6 mg/L，则果汁已失去食用价值。长谷川对类柠檬苦素的化学结构进行了研究，并把它作为基质进行动物实验，发现类柠檬苦素具有抗癌作用。另有文献报道，类柠檬苦素具有昆虫拒食作用。

柑橘苦味主要来自两方面的原因，其一是柑橘苷的存在，其二是类柠檬苦素的存在。柑橘苷只存在于部分柑橘中，而柠檬苦素类似物广泛存在于柑橘属植物中。实验表明，柑橘果实中虽然不存在柠檬苦素，但是由于其前体柠檬苦素 A 环内酯（LARL）的存在，榨汁时，LARL 从果实中溶出，在酸性条件下，LARL 在柠檬苦素 D 环内酯水解酶催化作用下很快转化为柠檬苦素，这就是榨汁前不苦的果汁慢慢变苦的原因，这种现象被称为“后苦味”或“加工苦”。

果实中的类柠檬苦素随着果实的发育而减少。随着柑橘果实的成熟，部分类柠檬苦素转化为类柠檬苦素葡糖苷，该物质无苦味，后期收获的脐橙榨出的果汁苦味不明显就是由此所致。有研究表明，类柠檬苦素葡糖苷也具有抗癌作用。

柑橘种子中含有大量的柠檬苦素，据徐玉娟等研究，采用比色法测得每 100 g 柑橘干种子中柠檬苦素含量为 32 mg。

（5）类胡萝卜素　类胡萝卜素又称维生素 A 原，是柑橘果实中含量较为丰富的脂溶性天然色素，它在生命体内转化为维生素 A。维生素 A 对人体的视觉发育至关重要，可以提高人体对日光引起红斑和皮肤癌等的免疫作用。近年又发现了类胡萝卜素具有抗氧化作用，它可以消除生命体内产生的活性氧，增加生命体的防御机能。对类胡萝卜素生物活性的各种动物试验结果显示，β-胡萝卜素的抗肿瘤作用最为明显。

日本科学家在温州蜜柑果实内发现了一种称作“β-隐黄质”的类胡萝卜素，具有显著的抗肿瘤效果。

（6）辛弗林 又名脱氧肾上腺素，是一种生物碱。具有收缩血管、升高血压以及较强扩张气管和支气管的作用，还能够提高新陈代谢，增加热量消耗、提高能量水平、氧化脂肪。辛弗林是一种天然兴奋剂，能够缓解轻度和中度抑郁症状，改善心情。

辛弗林在柑橘幼果中含量较高，提取原料主要为柑橘的生理落果，不同柑橘种类及品种的辛弗林含量见表1-9。

表1-9 不同柑橘生理落果中辛弗林的含量（mg/kg）

品种及种类	第一次生理落果	第二次生理落果
尾张蜜柑	18.14	8.41
朋娜脐橙	8.58	6.05
纽荷尔脐橙	8.81	5.29
胡柚	11.36	0.33
琯溪蜜柚	0.83	0.20
酸橙	7.23	5.11

资料来源：毛华荣等，2009。

二、柑橘加工主要品种介绍

（一）甜橙类

1. 普通甜橙 普通甜橙是指除脐橙、血橙以外的大多数甜橙品种，是世界上主要的橙汁加工品种，依成熟期可以分为早熟、中熟、晚熟三类，代表品种是凤梨甜橙、哈姆林甜橙和伏令夏橙。在中国，甜橙的主要品种为锦橙、先锋橙、桃叶橙、雪柑、改良橙、伏令夏橙及哈姆林甜柑等，以鲜食为主，用于加工的比例很少。甜橙除了用于果汁加工外，还用于精油与果胶的提取等多种用途。

（1）锦橙 锦橙又名鹅蛋柑26号，原产于我国重庆江津，系20世纪40年代从地方实生甜橙中选出的优良变异品种。

果实为长椭圆形，一般在 11 月下旬成熟，形如鹅蛋，故名鹅蛋柑。果大，单果平均重 0.17 kg 左右，果皮为橙红色或深橙色，有光泽，较光滑，中等厚；肉质细嫩化渣，甜酸适中，味浓汁多，微具香气，果实可食率 74%～75%，果汁率 46%～50%，可溶性固形物 11%～13%，每 100 mL 果汁含糖 8～10 g、酸 0.7～1.1 g，种子平均 6 粒左右，品质上乘，适鲜食，也可加工果汁，果汁橙黄色，组织均匀，热稳定性好，略有香气。

（2）雪柑　原产于广东潮汕地区，在浙江衢州等地别称广橘。广东、福建、台湾、广西、浙江等地均有栽培，以广东潮汕、福建闽江下游、闽东地区和浙江衢州等地为主产区。其主要特点：树冠圆头形，较开张，树势强健，枝梢细长，枝叶茂密，叶片长椭圆形，翼叶不明显；果实圆球形或椭圆形，中等大，单果重 0.15～0.2 kg，两端对称，果皮橙黄色、光滑、稍厚，油胞大而密，突出；汁胞柔软多汁，风味浓郁，甜酸适度，具微香；可溶性固形物 12%～13%，每 100 mL 果汁含糖 9～10 g、酸 0.8～0.9 g，品质较好；成熟期为 11 月下旬至 12 月上旬。雪柑果大、耐储运，产量高、稳产，山地、平地均可栽培，是华南地区栽培的主要甜橙品种。雪柑可鲜食，也可加工果汁，出汁率 46%～60%。

（3）哈姆林甜橙　原产于美国，是当前世界柑橘制汁和鲜食主栽品种之一，1965 年引入我国，在各甜橙主产区都有分布，四川、重庆、广西、湖南和福建等地栽培较多。

果实呈圆球形，大小中等，平均单果重 0.12～0.14 kg。果皮深橙色，光滑；果肉细嫩，汁多味甜，具香味，每 100 mL 果汁含可溶性固形物 11～12 g、酸0.8～0.9 g，无核或少核，品质上等，可鲜食，适于加工果汁。

（4）伏令夏橙　伏令夏橙又名佛灵夏橙、晚生橙、华兰西晚橙。主产于美国、西班牙等国，为世界栽培面积最大的柑橘品种。我国四川、重庆栽培较多，广东、广西、福建、湖北、云南等地也有栽培。

果实呈圆球形或长圆球形，中等大，单果重 0.14～0.17 kg，果肉橙黄色或橙红色，表面稍粗糙，油胞大，突出；汁胞柔软多汁，风味酸甜适口，可溶性固形物 11%～13%，每 100 mL 果汁糖含量 8～10 g、酸含量 1.2～1.3 g，种子 6～7 粒/果。品质中上，可鲜食，适于加工果汁。

2. 脐橙　俗称抱子橘，其果顶有脐，着生着一个次生果。果实无核、味甜、肉脆、清香、化渣。脐橙是甜橙类中早熟的品种类型，多在 10～11 月成熟，树势弱，对气候的适应性较差。脐橙以鲜食为主，出汁率较低，果实容易产生后苦，故不太适合加工橙汁。主要品系有朋娜、纽荷尔、清家、红玉等。

（1）朋娜 朋娜脐橙是从美国华盛顿脐橙中选出的突变体。1978年引入我国，在四川、重庆、湖北、湖南、江西、浙江、广西、贵州、云南和福建等地有栽培。

该品种果实较大，呈短椭圆形或倒锥状圆球形，果色橙色或深橙色，果面光滑；果肉脆嫩，较致密，风味较浓，甜酸适口，无核，中心柱有退化瘪籽，品质上等。果实11月中旬前后成熟，较耐储藏。

该品种可食率达80%以上，果汁率48%～50%，每100 mL果汁含可溶性固形物11～14 g、糖8.5～11 g、酸0.92～0.93 g、维生素C 52～66 mg。果汁微苦至无苦。适合用于果汁、果茸的加工。

（2）纽荷尔 纽荷尔脐橙原产于美国，系由美国加利福尼亚州Duarte的华盛顿脐橙芽变而得。1978年引入我国，现在重庆、江西、四川、湖北、湖南、广西等地广为栽培。

本品种适应性好，丰产，果实成熟期11月中下旬，果实耐储性好，不易裂果。

纽荷尔脐橙果实呈椭圆形至长椭圆形，较大，单果重0.2～0.25 kg。果色橙红，果面光滑，多为闭脐，外观美。该品种果实肉质细嫩而脆，化渣，多汁，可食率73%～75%，果汁率48%～49%，每100 mL果汁含可溶性固形物12～13 g、糖8.5～10.5 g、酸1.0～1.1 g、维生素C 50 mg。果汁有苦味，适用于果汁饮料、果茸的加工。

（二）宽皮柑橘类

宽皮柑橘是指果皮宽松、剥皮容易的一类柑橘品种群，包括橘类、柑类。宽皮柑橘较甜橙耐寒，抗柑橘溃疡病，挂果性能好，适应性强，易栽易管；剥皮容易，适宜加工糖水罐头、蜜饯等，近年来也多用于果汁及砂囊加工，其主要品种为温州蜜柑、椪柑等。

1. 温州蜜柑 温州蜜柑按成熟期可分为特早熟、早熟、普通及晚熟温州蜜柑品系，加工品种以普通及晚熟温州蜜柑为主。温州蜜柑无种子，适用于加工糖水橘片罐头，是我国加工糖水橘片罐头的当家品种；其砂囊质地较绵软，加工砂囊饮料口感好；果汁不带苦味，适宜加工果汁，但香味欠佳，可与甜橙混合加工柑橘汁。

2. 椪柑 椪柑又名芦柑、汕头蜜橘，为我国优良柑橘品种。该品种丰产、耐储藏，在我国的栽培面积仅次于温州蜜柑。成熟期在11月中下旬。果实呈扁圆形或高圆形，果实橙黄色，果皮中等厚，有光泽，果皮易剥离，囊瓣肥大，肾形，9～12瓣，果肉质地脆嫩、化渣、汁多、味甜，有香味，风味浓，品质佳，适合鲜食与加工。其加工特点为砂囊较圆整，砂囊壁厚，特别适合制作柑橘砂囊罐头及其饮料。果皮油胞大，精油含量较高，香气好。

（三）柚子

1. 玉环柚 又名楚门文旦，原产于浙江省玉环市，是福建文旦柚的实生变异，主产于浙江省。

果实呈梨形、高扁圆形或扁圆形，平均单果重1.5 kg左右，果肉脆嫩，酸甜适口，每100 mL果汁含可溶性固形物11.0～11.2 g、酸1.0～1.2 g，加工果汁味苦，适宜加工柚子砂囊。

2. 琯溪蜜柚 原产于福建平和，故又称平和抛，主产于福建省。

果实呈倒卵形，平均单果重1.5 kg，果肉柔软多汁，酸甜适口，化渣，品质优。每100 mL果汁含可溶性固形物9.0～12.0 g、酸0.6～1.0 g，加工果汁味苦，适宜加工柚子砂囊。

（四）葡萄柚

葡萄柚又称西柚，普遍认为是柚与甜橙的天然杂交种，1750年发现于巴巴多斯岛上，因其结果成串，风味偏酸，故名葡萄柚。

1. 胡柚 原产于浙江常山，是柚与甜橙的自然杂种，主产于浙江省。

胡柚果实美观，呈梨形、圆球形或扁球形，色泽金黄。成熟期为11月中下旬，平均单果重0.15～0.35 kg，皮厚约0.6 cm，可食率约68%，每100 mL果汁含可溶性固形物11～13 g、酸0.9～1.0 g，甜酸适中，略带苦味，宜鲜食，适合加工砂囊及柚子茶。

2. 马叙葡萄柚 马叙葡萄柚又名马叙无核葡萄柚，于20世纪30年代引入我国，四川、重庆、广东、浙江和台湾等地有少量栽培。

果实呈扁圆形或亚球形，单果重0.3 kg以上，果色浅黄，果皮光滑、较薄；肉质细嫩多汁，甜酸可口，微带苦味，果肉淡黄色，可食率64%～76%，每100 mL果汁含糖7.0～7.5 g、酸2.1～2.4 g、可溶性固形物9～11 g；果实在11月中下旬成熟。马叙葡萄柚优质丰产，风味独特，果实耐储运，既可鲜食，又宜加工，是今后有发展前途的品种。

3. 鸡尾葡萄柚 鸡尾葡萄柚是暹罗甜柚与弗鲁亚橘的一个杂交品种，原产于美国，于20世纪90年代引入我国浙江黄岩。由于其丰产性好、果形漂亮、果实苦味少、口感清甜、余味留香气等优点，近年来在各大柑橘产区发展迅猛。

鸡尾葡萄柚果实呈扁圆形或亚球形，单果重 0.4 kg 左右，果色浅黄，果皮光滑、较薄；肉质细嫩多汁，甜酸可口，微带苦味，果肉淡黄色，可食率 72%～79%，每 100 mL 果汁含酸 0.69～0.97 g、可溶性固形物 12.0～14.5 g、维生素 C 39.8 mg。果实在 11 月中下旬成熟。鸡尾葡萄柚风味独特，果实耐储运，既可鲜食，又宜加工，是今后有发展前途的品种。

（五）杂柑

杂柑是由种间的自然杂交或人工杂交经选育而成的品种，往往具有多种亲本的优良性状，根据亲本不同可分为橘橙类、橘柚类及其他多重杂交种。

1. 香橙 系宜昌橙与宽皮柑橘的杂交种，原产于我国，性耐寒，日本与韩国种植较多，并称之为“YUZU”。果实呈扁圆形或近似梨形，平均果重 0.05～0.1 kg，果皮粗糙，凹点均匀，油胞大，皮厚 2～4 mm，淡黄色，较易剥离，有浓烈的香味。囊瓣 9～11 瓣，囊壁厚而韧，果肉淡黄白色，味酸。适合用于加工柚子茶和双柚汁等饮料。

2. 红美人 红美人原产于日本，原名爱媛 28，2002 年通过民间从日本引入我国浙江象山，并取名红美人。红美人母本为南香，父本为天草，为橘橙类杂交品种。果面呈浓橙色，含糖量高，有甜橙般香气。成熟期在 11 月下旬至 12 月上旬。

果肉橙色，口感化渣性好，酷似果冻，汁多味甜，品质优良，每 100 mL 可溶性固形物含量 13.2～15.6 g，酸含量 0.75～0.93 g，维生素 C 含量 31.5 mg，可食率 85%～87%，出汁率 56.16%。

红美人优质丰产，适宜设施栽培，是优良鲜食品种，又可用于果汁加工，是今后有发展前途的品种。

三、柑橘业概况

（一）世界柑橘种植现状

柑橘是世界第一大水果，种植面积和产量均居世界首位。2018 年度全世界柑橘栽培面积约 1.87 亿亩*，产量约 1.31 亿 t。其中，甜橙产量 6 822 万 t，

---

* 亩为非法定计量单位，1 亩＝667 m^2。

宽皮柑橘产量 2 706 万 t，柠檬类产量 1 512 万 t，柚和葡萄柚产量 804 万 t，其他柑橘类产量 1 284 万 t。全世界有 146 个国家或地区生产柑橘，但年产量上百万 t 的柑橘主产国只有 21 个，世界十大柑橘生产国为中国、巴西、美国、印度、墨西哥、西班牙、埃及、尼日利亚、土耳其和意大利。2018 年度，这 10 个柑橘生产大国的柑橘产量占世界总产量的 74.02%（表 1－10）。

表 1－10　2018 年度世界十大柑橘主产国柑橘产量统计（t）

国别	甜橙	宽皮柑橘	葡萄柚/柚	柠檬类	其他	合计
中国	6 500 000	13 600 000	3 800 000	2 300 000	5 500 000	31 700 000
巴西	18 012 560	959 672	78 000	1 208 275	—	20 258 507
美国	8 166 480	587 860	1 046 890	771 110	47 170	10 619 510
印度	5 000 000	—	200 000	2 200 000	600 000	8 000 000
墨西哥	3 239 815	877 111	415 471	2 070 764	147 000	6 750 161
西班牙	2 933 800	1 873 900	56 100	625 700	12 000	5 501 500
埃及	2 786 397	885 365	2 702	300 527	5 160	3 980 151
尼日利亚	—	—	—	—	3 900 000	3 900 000
土耳其	1 662 000	889 293	243 267	759 711	2 136	3 556 407
意大利	1 770 503	759 579	7 539	346 325	21 000	2 904 946

资料来源：联合国粮农组织。

从全球柑橘产业的发展来看，尽管全球柑橘总产量在局部阶段出现略微下降，但总体一直处于上升态势。特别是 20 世纪 90 年代，随着中国和巴西柑橘产业的快速发展，世界柑橘总产量快速上升。

1995 年，世界柑橘总产量 5 800 万 t，首次超过了葡萄的 5 600 万 t，跃居世界果树总产量的首位。1998 年，世界柑橘总产量首次超过 1 亿 t，达到 1.03 亿 t。此后，由于美国柑橘受飓风、冻害和病虫害等自然灾害的影响，巴西柑橘生产用地受甘蔗产业的挤压，这两个世界柑橘生产大国出现产量下降或波动；同时，由于日本、西班牙、以色列、意大利和韩国等国劳动力价格不断升高，这些国家的柑橘生产遭受不同程度的影响，减缓了近年来全球柑橘产量的总体规模扩张。

21 世纪以来，世界柑橘产量仍处于快速上升时期，这得益于中国、印度和墨西哥等国柑橘种植面积的迅速扩展，然而由于美国、日本等国家柑橘产量处于下降中，减缓了世界柑橘总产量的上升速度。

（二）中国柑橘种植现状

我国柑橘产量总体呈上升趋势，从 2007 年 1 838 万 t 增长至 2019 年 4 585 万 t。2020 年我国柑橘总体种植面积达到了 4 100 万亩以上，产量为 5 100 万 t，面积与产量均位居世界第一。

我国柑橘栽培面积与产量前十强的省份分别为广西、湖南、江西、四川、重庆、广东、湖北、福建、浙江和云南，其产量的总和占全国总产量的 85%以上（表 1 - 11）。

表 1 - 11 我国部分省份柑橘面积与产量

省份	2019 年		2020 年		2021 年	
	面积（万亩）	产量（万 t）	面积（万亩）	产量（万 t）	面积（万亩）	产量（万 t）
广西	658.5	1 124.5	864.9	1 382.1	863.4	1 495.4
湖南	600.0	560.5	624.2	626.7	616.3	516.0
江西	504.0	413.2	506.0	425.6	499.4	277.0
四川	484.5	457.7	508.4	498.0	510.1	526.1
重庆	333.0	295.1	335.4	319.9	339.4	322.1
广东	352.5	464.8	363.2	497.7	258.4	532.5
湖北	349.5	478.2	356.1	510.0	355.8	500.8
福建	207.0	365.8	216.6	386.1	217.5	393.8
浙江	133.5	183.4	133.4	191.8	123.1	149.6
云南	126.0	108.6	146.4	135.9	168.7	158.3

资料来源：徐建国，2021。

（三）柑橘果实的主要加工品

由于柑橘优越的加工适应性，柑橘汁已成为发达国家的主要饮料之一。在美国约 95%的橙子用于加工果汁，而巴西约有 70%的橙子用于加工果汁。在日本，宽皮柑橘的加工比例历史上曾达 24.5%，在先后开放柠檬汁、葡萄柚汁、甜橙汁市场之后，近年仍达 10%左右。世界柑橘加工消耗的原料果实占柑橘总产量的平均比例达 30%以上。

柑橘罐头是我国柑橘的主要加工产品，2019 年我国柑橘罐头出口量为 26.58 万 t，占我国水果罐头出口量的 52.07%，位居第一，出口金额为

30 765.2万美元。但相对于我国柑橘总产量来说，加工用果率仅在5%左右，因此，柑橘加工业的发展空间很大。随着柑橘品种结构的调整和甜橙类产量的上升，我国的柑橘加工业将更有作为。

柑橘加工以果汁、罐头为大众产品，近年来随着柑橘综合利用的开展，果胶与精油及其他一些功能成分的提取、改性和应用也方兴未艾（图1-4）。

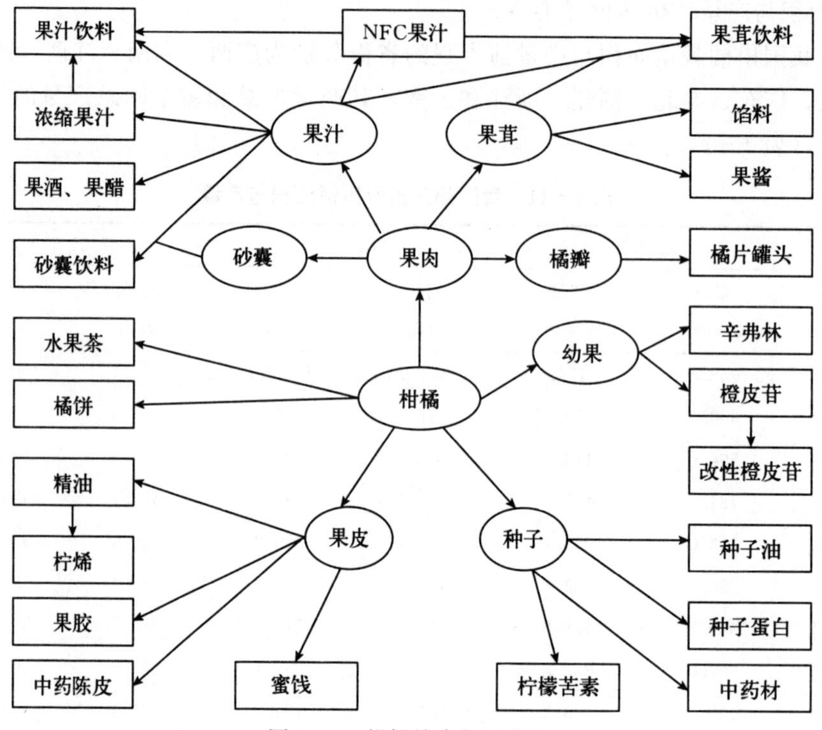

图1-4　柑橘综合加工产品

四、柑橘综合加工程式

宽皮柑橘类与紧皮柑橘类（橙、柠檬与葡萄柚等）的加工方法有一定的区别，其中宽皮柑橘主要用于柑橘罐头的加工，而甜橙类等主要用于果汁类的加工。目前，随着柑橘加工品市场需求的变化，柑橘果茸需求量日益增加，同时随着柑橘精油与果胶提取技术的改进，紧皮柑橘的剥皮加工技术越来越流行。随着国内环保意识的增强，对柑橘加工废弃物排放要求越来越严格，因此，充分开展综合利用、实现零废物排放是柑橘加工今后发展的方向。柑橘的综合加工程式如图1-5所示。

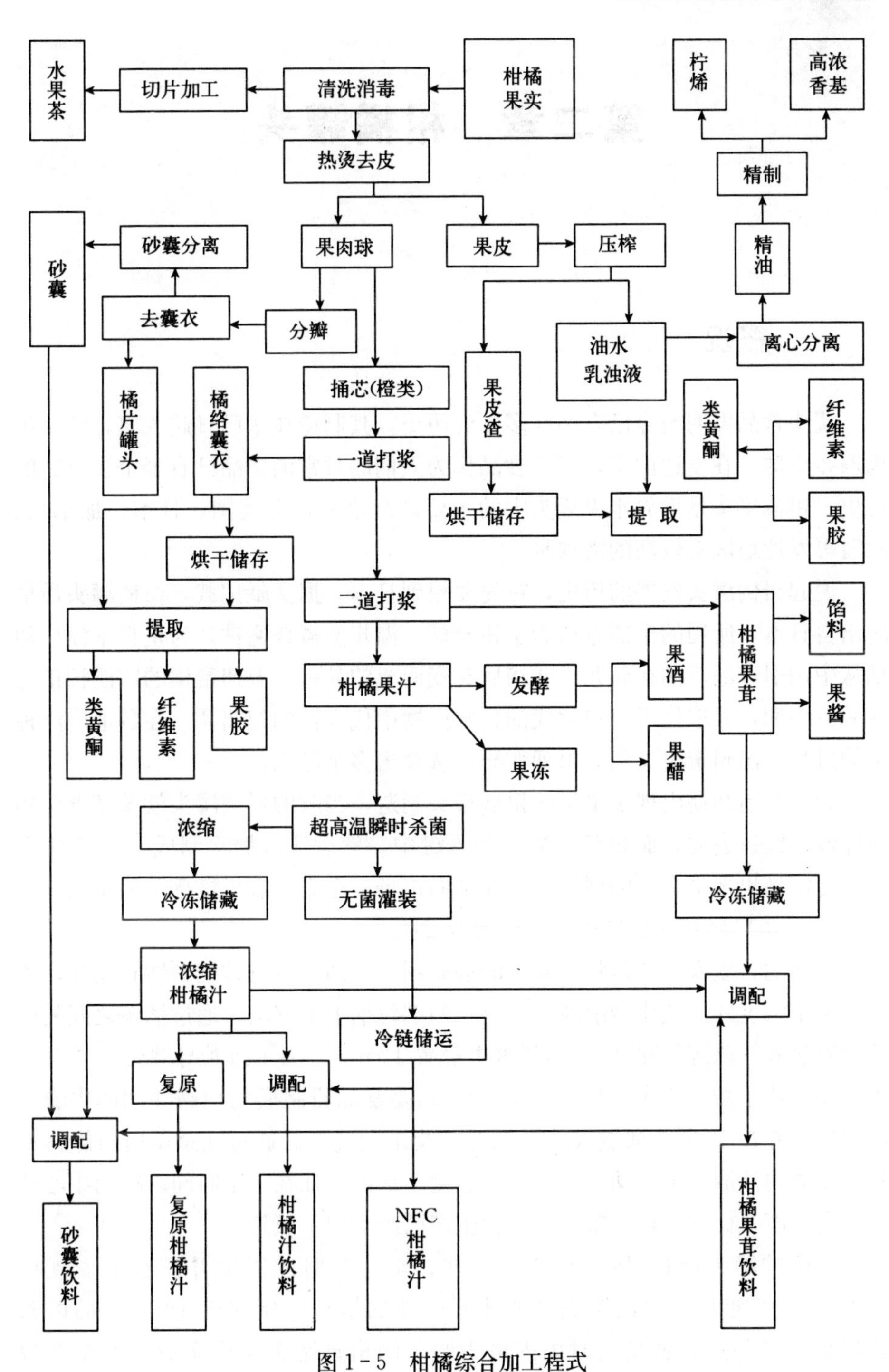

图 1-5 柑橘综合加工程式

第二章　柑橘罐头

一、概况

罐头食品发明至今已有200多年的历史，其制造技术已日趋成熟，消费市场遍布全球。在发达国家，罐头食品作为人们的日常消费品已有半个多世纪的历史。柑橘罐头是世界水果罐头中的主要产品之一，在美国、日本、加拿大、欧盟等发达地区有较高的需求量。

说起柑橘罐头发展的历史，首先要提到日本。据文献记载，柑橘罐头最早应出自日本，所用的柑橘原料为温州蜜橘。温州蜜橘普遍被认为是日本江户初期从中国引进的广橘在鹿儿岛栽培后芽变而成的品种。温州蜜橘的广泛种植是在明治中期，并取代了江户时代的日本柑橘中代表性的纪州橘。在各地广泛种植的过程中温州蜜柑又陆续出现变异，选育出多个品系。

到了明治初期出现了最早的柑橘罐头制造，当时的柑橘罐头就像糖煮金橘那样没有经过去皮，而将整个橘子装入罐中，然后注入糖水制成。1897年左右，在广岛出现带囊衣的橘瓣罐头并推向市场。全去囊衣柑橘罐头最早出现在1927年，由广岛县的加岛正人最早制造发明。

加岛的去囊衣方法是将带囊衣的橘瓣用一个两端带有竹柄的纱布兜住，并浸入一定浓度的氢氧化钠溶液中，再将两端竹柄上下移动，通过橘瓣之间的摩擦去除囊衣。杀菌是在95℃的热水中静置12 min，为了改善导热性，杀菌过程中要将罐子翻动2次。1932年，日本四菱食品研制成功酸碱并用的去囊衣新方法，并在1936年研制成功了低温连续杀菌装置。通过在杀菌时将罐体旋转，使罐内汁液产生流动，增加导热速度，从而保证在一定时间内罐内中心达到所需温度，标志着柑橘罐头工业化生产已经走向了成熟。

中国的罐头行业起步于20世纪初，限于当时的国情并没有形成规模生产。1949年后，中国罐头产业才开始新的里程。始建于1958年的国营黄岩罐头食品厂，就是当时国内最为闻名的柑橘罐头生产企业。改革开放后，国内罐头厂如雨后春笋般成长起来，柑橘罐头也进入了一个迅速发展期，总产量逐步上升，并取代了日本、西班牙等传统柑橘罐头生产大国的地位。

中国、西班牙和日本是世界柑橘罐头的三大主产国。尽管近年我国的柑橘罐头品质已达到国际水平，出口量也已占国际贸易量的70%左右，但在自动化生产及品质方面仍相对落后。首先，我国罐头生产劳动生产率较低，仅为发达国家的30%左右，主要原因是日本等国采用自动剥皮分瓣机，而我国仍采用人工剥皮及分瓣。日本自20世纪70年代初就投入使用自动剥皮分瓣机，并不断改进，虽然碎片率较高，但大幅度提高了劳动生产率。碎橘瓣可用作果汁、汁胞生产的原料。

其次，我国目前一些柑橘罐头品质改良添加剂仍依靠进口，主要有防止汤汁白色混浊的橙皮苷分解酶及甲基纤维素（MS）。另外，在杂柑类罐头中为减少苦味而添加的柚皮苷分解酶目前也仍然需要进口。

最后，以EVOH阻氧材料制成复合塑料杯水果软罐头正在国际市场兴起，大有取代部分马口铁商品罐型制品及玻璃瓶装罐头的势头，是柑橘等水果罐头新的产业增长点。一是日本、美国等国家气密型塑料水果软罐头自动化生产线已趋完善，关键设备是灌装封口机，国外设备的优势在于封口的安全性（封口强度为0.04～0.05 MPa）和开启性均优异，制品品质可靠。二是与该机配套的混合气体充气装置技术含量较高，可确保制品内氧气置换率大于80%，而国内同类产品与之相比还存在着一定的差距。

二、柑橘罐头的分类

（一）按原料分类

柑橘罐头按原料来源可分为橘子罐头、柚子罐头、橙子罐头、葡萄柚罐头、金柑罐头及什锦柑橘罐头等几类。

（二）按形状分类

柑橘罐头按囊瓣形状可分为整橘罐头、整片罐头、碎片罐头及砂囊罐头4类。

（三）按汤汁分类

柑橘罐头按汤汁可分为以下5类。

1. 糖水型罐头 汤汁为白砂糖水溶液制成的罐头。

2. 果汁型罐头 汤汁为果汁或水和果汁混合液制成的罐头。

3. 糖浆型罐头 汤汁为水和果葡糖浆混合液制成的罐头。

4. 混合型罐头 汤汁为果汁、白砂糖、果葡糖浆、甜味剂等两种以上（包括两种）物质水溶液制成的罐头。

5. 清水型罐头 汤汁为清水制成的特殊用途的罐头。

（四）按包装材料分类

柑橘罐头按包装材料可分为马口铁罐头、玻璃瓶罐头及软罐头，其中软罐头包括蒸煮袋、EVOH 多层杯包装的罐头。具体分类见图 2－1。

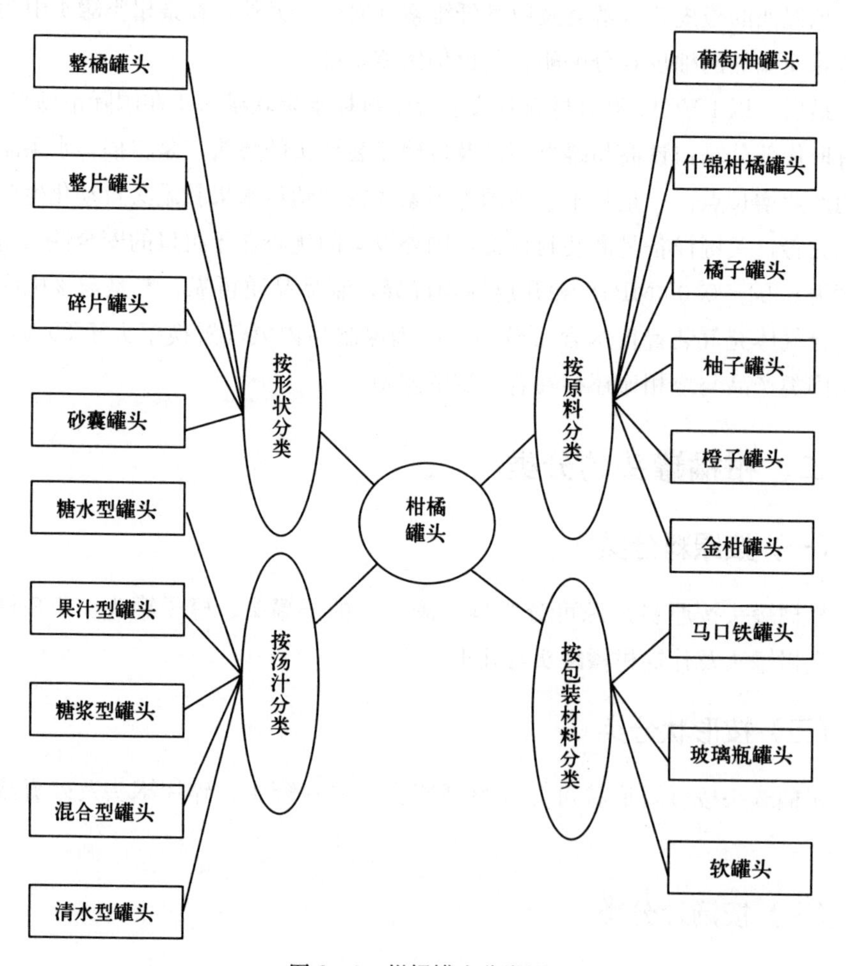

图 2－1 柑橘罐头分类图

三、柑橘罐头的加工工艺

（一）生产工艺流程（图2-2、图2-3）

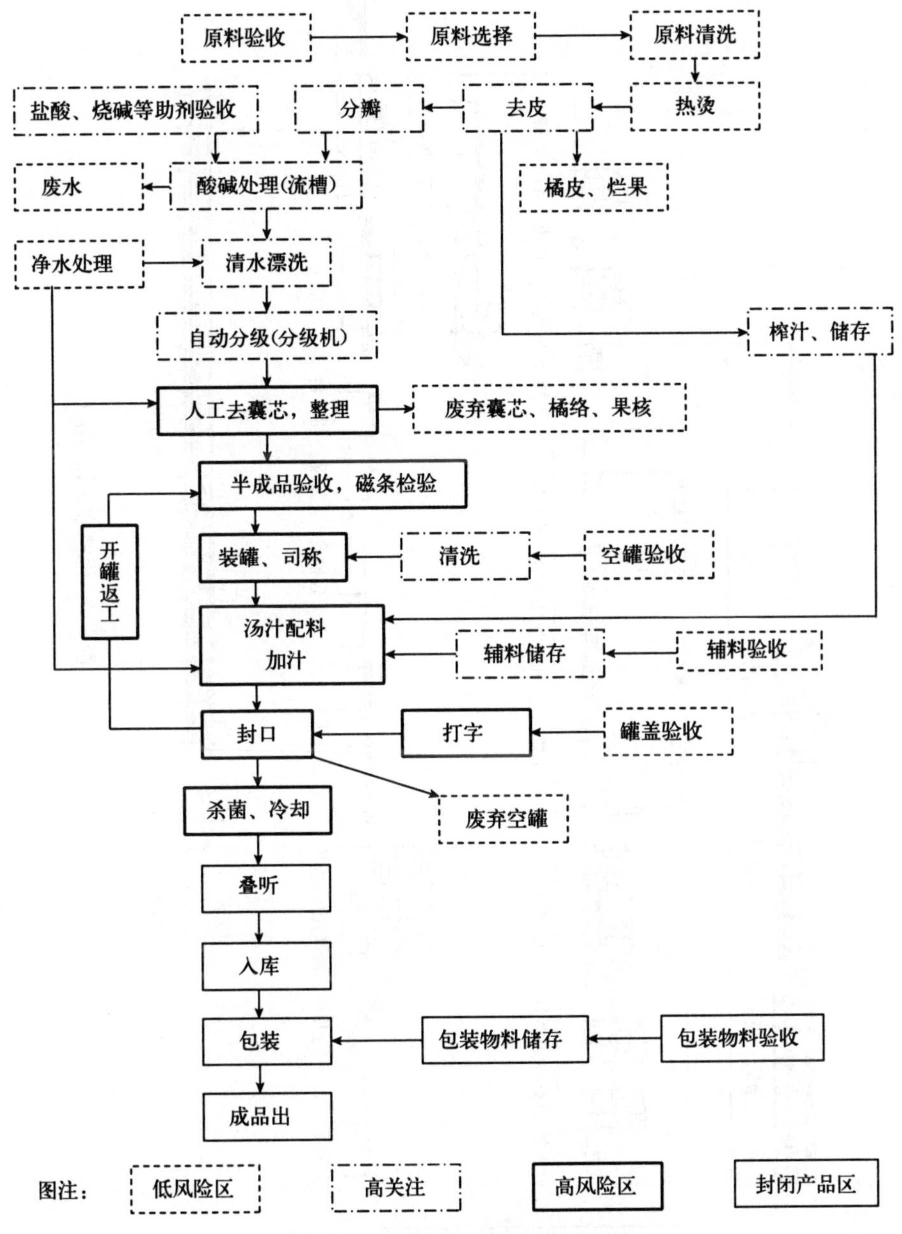

图2-2　糖水橘子罐头加工流程

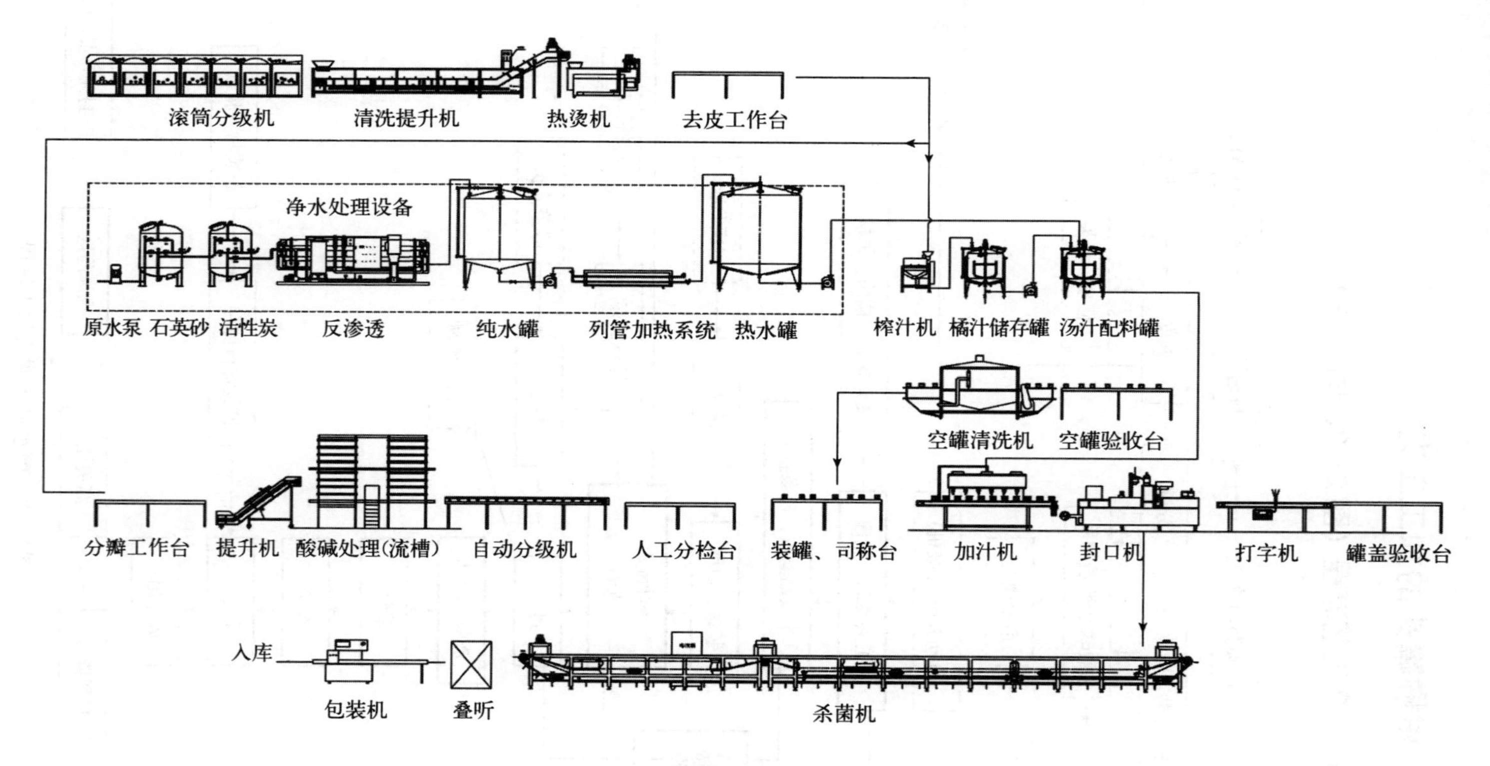

图 2-3　柑橘罐头设备流程

（二）操作要点

1. 原料选择　我国目前的罐藏柑橘品种以中晚熟温州蜜柑为主，近几年由于国际市场的变化，胡柚、椪柑、少核本地早等品种加工的罐头也渐受美国及欧洲消费者的欢迎，出口量有所增加。国外杂柑类罐藏优势品种主要有美国、墨西哥的葡萄柚和日本的甜夏橙（甘夏）。尽管葡萄柚及甜夏橙罐头苦味较重，但适合西方口味，特别是把葡萄柚和甜夏橙的囊瓣与菠萝、黄桃等混合制成什锦水果罐头，使得内容物苦味稀释后达到适宜的程度，风味清凉爽口，市场性更好。

罐藏柑橘品种很大程度上决定了柑橘罐头的质量，以生物工程等新技术培育的无核、香味较浓、色泽鲜艳、汁胞致密、橘瓣硬脆化渣（如无核本地早）的罐藏新品种逐渐取代温州蜜柑，是我国柑橘罐头产业的重要发展策略。

2. 原料验收　柑橘原料采购前应对原料产地的农药使用情况进行调查，并与农户签订原料栽培、农药使用合同，根据签署的合同与调查结果进行原料农药残留的安全性评估，只有评估认为安全的原料产地方可采购。

原料的农药残留标准见《食品安全国家标准　食品中农药最大残留限量》（GB 2763）的规定，污染物含量见《食品安全国家标准　食品中污染物限量》的规定（GB 2762）。

3. 原料挑选与分级　原料验收入库后，工序负责人应做好标识并按规定堆放，其堆放时间不超过 3 d，经人工挑选，剔除病虫害果、破伤果、皱皮果、青果等不合格果后用于生产。

为了保证产品与工艺的一致性，原料投入生产前应按大小进行分级，一般分为大、中、小三级，分级机见图 2－4。

4. 原料清洗　挑选、分级后柑橘果实进入清洗流程。原料清洗在烫橘机中进行（图 2－5），烫橘机由两部分组成：前部为清洗装置，逐筐将橘子倒入烫橘机的清洗池中，清洗池下部安装有高压空气管，利用高压空气进行翻动清洗。洗涤结束后，由提升机提升至烫橘槽，在提升机上方安装有高压喷水管，柑橘在提升过程中再次得到清洗，清洗用水为消毒水，其有效氯含量为 0.02%～0.03%。

5. 热烫　将烫橘槽内水温调至 95～98 ℃，视其原料果皮厚薄进行 30～90 s的热烫。烫橘要求均匀热烫，及时分送，防止积压，不得重烫。烫橘机结构如图 2－6 所示。

图 2-4　柑橘原料分级机

图 2-5　烫橘机

6. 去皮　过去我国柑橘罐头加工企业大都采用手工方式去皮，去皮工用不锈钢签（图 2-7）从果蒂处挑开橘皮，从蒂部剥向果实底部，将去皮的橘球放入指定的盘内，送到中转架上。本工序要求做到趁热去皮，防止积压，橘球完整，无损伤果、病虫果、烂果等不合格果。

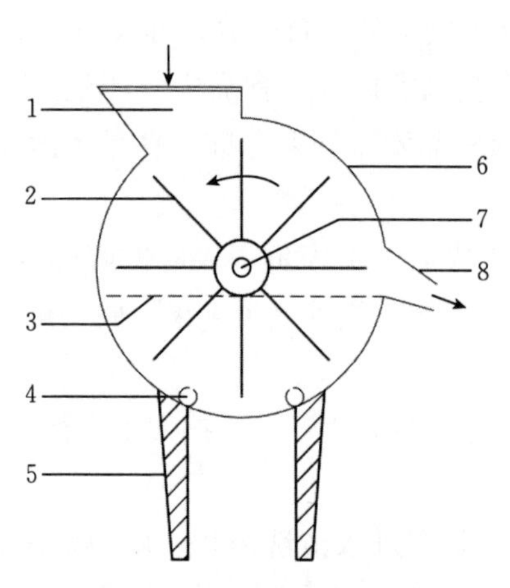

图 2-6　烫橘机原理示意图

1. 进料口　2. 刮板　3. 水位线　4. 蒸汽管　5. 机座
6. 出料口　7. 无级变速转动轴　8. 出料口

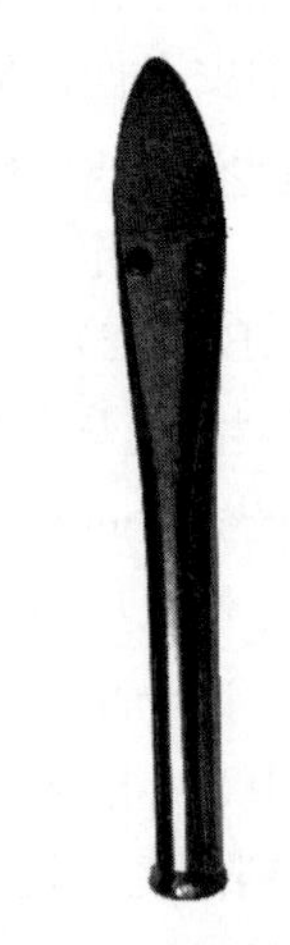

图 2-7　手工去皮不锈钢签

柑橘自动去皮机近几年在浙江省农业科学院张俊博士领衔攻关下，已实现工厂化规模应用（图 2-8）。去皮机的基本原理如图 2-9 所示：首先用机械手将果实撕开一个口子，然后在两个反向旋转的带齿去皮棍上反向旋转，从而使果皮撕下。剥皮机可以节省大量的劳力，缺点是橘皮完整性差，对后道综合利用有一定的影响。

图 2-8 柑橘自动去皮机

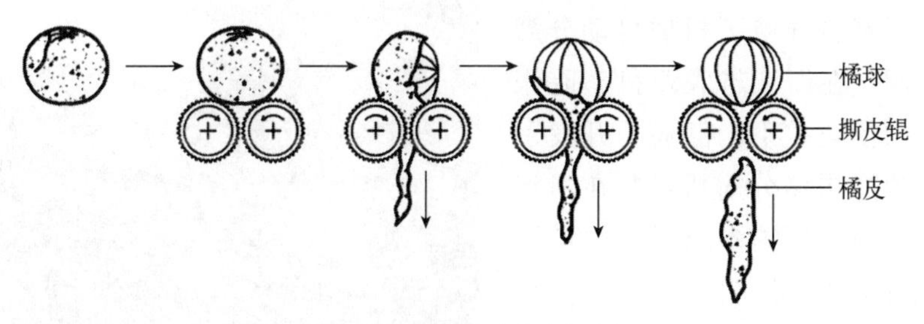

图 2-9 柑橘自动去皮机原理

7. 分瓣 以前我国柑橘罐头加工企业大部分采用手工分瓣的方法，分瓣工用弹弓状手工分瓣器（图 2-10）顺橘瓣的缝隙轻轻地锯开，橘瓣均匀地分布在指定的盘中。剔除烂橘片、僵橘片、软烂片等不合格片，不得积压。

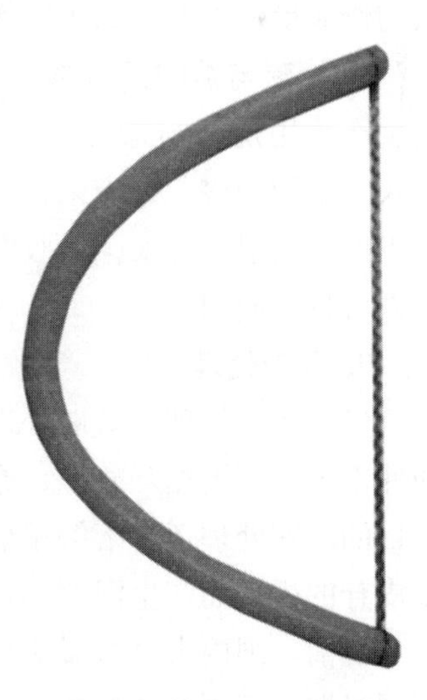

图 2-10 弹弓状手工分瓣器

由于手工分瓣需要大量的人工，随着近年来劳动力价格的大幅增长，各国罐头加工厂家都开展了对机械分瓣机的研究。国外常用的分瓣机利用高压水的冲击力与果球间相互碰撞产生的摩擦力而完成分瓣工序，但由于分瓣机所造成的果肉损伤比较严重，其分瓣机的工作原理如图 2-11 所示，目前在日本、西班牙等国家少量加工企业使用。

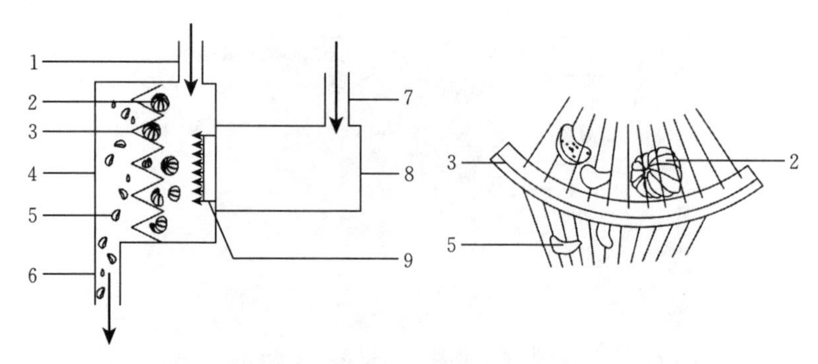

图 2-11　水冲式柑橘分瓣机原理

1. 橘球进口　2. 橘球　3. 橡胶栅栏　4. 分离室　5. 橘瓣
6. 橘瓣出口　7. 高压水进口　8. 高压水室　9. 高压水喷头

近年来，我国的科研单位与柑橘罐头厂家也开展了柑橘自动分瓣机的研制。在浙江省农业科学院张俊博士领衔攻关下，已成功开发了视觉式智能柑橘分瓣机，并在浙江黄岩第一罐头厂等多家罐头生产厂家投入生产应用(图 2-12)，一台分瓣机分瓣可达到 15～20 个分瓣工人的作业量，大大提高了工作效率。

图 2-12　视觉式智能柑橘分瓣机

8. 烧碱与盐酸的验收　柑橘罐头生产采用烧碱与盐酸复合法去除囊衣。采购的酸、碱应来自企业评定合格的供应商，并要求辅料质量满足食品加工助剂的卫生要求。验收时，品管部应凭其合格证进行抽样检查，检查合格后方可投入使用。

9. 酸碱处理

(1) 酸碱处理　酸碱处理的原理是利用酸碱使囊瓣壁上的果胶水解，在水的冲击下，囊瓣相互碰撞、摩擦，造成囊衣组织崩裂，从而达到去除橘瓣囊衣的目的。碱处理还有溶解柑橘瓣中橙皮苷的作用，防止罐头在储藏期内，由于橙皮苷的析出而产生混浊的现象。

目前，国内大多数罐头厂家都采用日本传统的先酸后碱的处理工艺：根据不同时期、不同产地的橘子，在酸含量 0.2%～1.0%、温度 21～35 ℃、时间 30～35 min，碱含量 0.1%～0.9%、温度 21～35 ℃、时间 9～14 min 的范围内调整。适当调节酸碱浓度和温度，以处理后的橘片软硬适度、囊胞之间不开裂、囊瓣背部紧密为宜。工艺过程中每隔 30 min 检测 1 次酸、碱浓度和温度。

有研究报道，柑橘罐头采用先碱后酸的处理工艺，能更好地减少柑橘罐头的苦味，同时在碱酸处理时添加一定浓度的络合剂，对去囊衣效果有明显的促进作用。

(2) 清水漂洗　酸处理后的橘瓣必须先用清水漂洗 15 min，以除去残留酸液，然后再进行碱处理。碱处理后的橘瓣也必须用清水漂洗 15 min，以除去残留碱液及囊衣碎屑等。以上工艺过程都在流槽（图 2-13）中进行。

图 2-13　柑橘去囊衣酸碱流槽

10. 分级、去囊芯挑选　橘片随水流从漂洗槽经分级流槽流入橘瓣分级机（图 2-14、图 2-15）进行自动分级，分级后橘片流入各自级别的网带上，网带上设专人挑拣，剔除橘络、囊芯、囊衣、核、僵橘片、病片、组织软烂片、烂点片、杂质等放在指定容器内。将断片、断角、超标片放在另一容器作碎片处理，并设专人去净囊衣、种子或其他杂质。网带上的净化水龙头都包有 120 目过滤布，以防止水管内可能存在的杂质混入半成品。

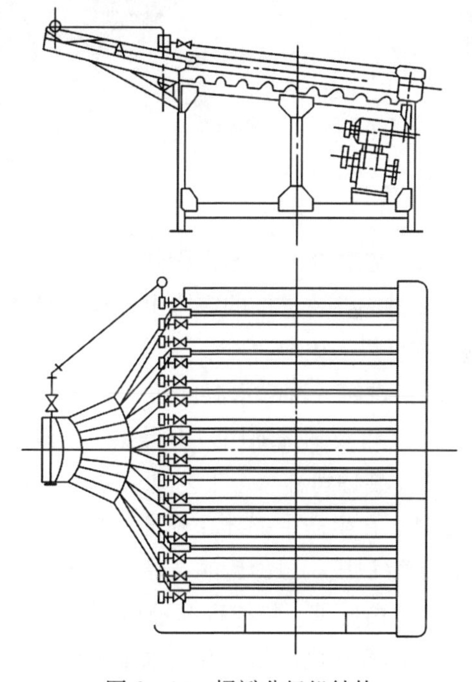

图 2-14　橘瓣分级机结构

11. 半成品验收、磁条检验　将分级好的橘片进行仔细验收，验收包括灯检、网带挑选和磁检，再人工剔除僵橘片、畸形片、烂橘片、破碎片、有核片、断角片、特小片及组织软烂片等不合格片。检验后的橘片再经强力磁条的检验，以防金属物质混入。在半成品验收过程中产品不得产生堆积现象，以防止病菌滋生（图 2-16）。

图 2-15 橘片分级机实物

图 2-16 橘片人工分拣

12. 空罐验收 空罐采购必须是卫生注册/登记企业的产品和本企业评定的合格供应商，进厂的空罐由采购人员填写送检单至品管部进行抽样检验，合格后方可投入生产。

13. 洗罐 洗罐水温度要求在 82 ℃以上，空罐冲洗后倒置在不锈钢盘中备用，空罐要随洗随用，不得积压，以防止二次污染。

14. 装罐司称 按工艺要求分规格装罐和称量，工序负责人在司称前应校准量具。在生产中每 4 h 校准一次量具，以保持量具的准确度，称量准确及时，不得积压，司称后的产品按规定级别标识码放，避免混放。

15. 白砂糖、柠檬酸等辅料验收 采购的白砂糖、柠檬酸等辅料应来自企业评定的合格供应商，并要求辅料质量满足食品加工卫生要求。验收时，品管部应凭其合格证进行抽样检查，合格后方可投入使用。

16. 辅料储存 仓库保管员凭品管部的检验合格证进行入库，并做好标识。仓库应保持清洁卫生，做到防潮，通风干燥，且与墙与地保持 15 cm 的间隔距离。对已变质或超过保质期限的辅料，应隔离存放，不得用于食品加工。

17. 配料、过滤、加汁 配料工班前校准糖度计、电子秤，并了解产品规格及工艺要求。同时将化糖锅、储液桶、过滤器、过滤网彻底清洗干净，防止存有异物、病菌污染，并用热水冲洗管路，确定整个管路清洁后再配料。

配料时要求配料工严格按工艺参数执行。糖液配制好后均应通过糖水过滤器（200 目筛网）过滤（滤除糖液中可能含有的石子、沙粒等杂物）到储液锅内，不同规格产品的糖液用不同的储液锅存放。配制糖液数量视产量而定，保证封口过程糖水不脱节，下班时不留太多的糖水余料。

加汁前汤汁温度最低不得低于 65 ℃，若达不到 65 ℃应回到糖水锅内重新加热才能使用。生产过程中每 4 h 校准一次糖度计和清洗更换一次过滤器、过滤网。

（1）糖液浓度　目前生产的各类水果罐头，除客户特殊要求的少数产品外，一般要求产品开罐后糖液浓度为 14%～18%（目标 14.5%～15.0%）。糖液浓度可结合装罐前橘片本身可溶性固形物含量、每罐装入果肉量及每罐实际注入的糖液量，按下式推算：

$$W_2=\frac{M_3W_3-M_1W_1}{M_2}\times 100$$

式中：W_2 为糖液浓度（%）；M_3 为每罐净重（g）；W_3 为要求开罐时糖液浓度（%）；M_1 为每罐装入果肉量（g）；W_1 为装罐前果肉可溶性固形物含量（%）；M_2 为每罐加入糖液量（g）。

（2）糖液温度　在糖液溶解调配时，必须煮沸过滤（白砂糖溶液须煮沸 10～15 min，以保证二氧化硫的蒸发与嗜热菌的杀灭）。在配制过程中需充分搅拌均匀，防止烧焦。糖液加酸做到随用随加，必须防止积压，以免使蔗糖转化为还原糖，致使柑橘果肉发生褐变。

（3）糖液配制方法　糖液配制方法有直接法和稀释法两种。

① 直接法　根据装罐需要的糖液浓度，直接称取白砂糖和净化水在溶糖锅内加热搅拌溶解并煮沸过滤，校正浓度后备用。例如，装罐需用 30%浓度的糖液，则可按砂糖 30 kg、净化水 70 kg 的比例放入锅内加热溶解过滤，再测定校正浓度后备用。

② 稀释法　先配制高浓度的浓糖液，称为母液，装罐时再根据需要浓度以净化水稀释。

18. 罐盖验收　采购的罐盖均应来自企业评定的合格供应商。品管部对抵达工厂的罐盖进行抽样检验，合格后方可投入使用。

19. 打字　每班生产前打字工须调试好打印机，使设备运行正常，生产时打字工对每个罐盖，按照生产工艺要求进行班次、日期、规格等代码的打印，且要求字迹清晰，代码排列正确、整齐并保持盖面的清洁卫生。

20. 封口 用封口机（图 2－17）进行罐头封口。封罐要求：①在 0.04 MPa以上的真空下封口或 0.1 MPa 左右蒸汽封口。②由专人逐罐目测检查封口线质量是否良好，剔除封口缺陷的罐头，并按规定时间抽检“三率”：密度达到 60%以上，叠接率、接缝完整率达到 50%以上；并做好原始记录，如检测达不到要求，对此前段工时生产的产品应分开堆放。③不同级别号的罐头配以相应的罐盖，不得混淆。④保持场地和设备表面卫生。封口时检出的瘪罐等不合格罐开罐后返回半成品验收工序，进行返工处理。

图 2－17 S－B15 型自动加汁真空封口机

21. 杀菌、冷却 封口后的罐头经运输带送至低温连续杀菌机（图 2－18）进行杀菌处理。

图 2－18 柑橘罐头旋转式低温连续杀菌机

（1）杀菌要求

① 生产前须换好杀菌水、冷却水，试运转设备和检查自动温控装置是否正常，校准各种温度计。

② 严格按工艺要求进行杀菌、冷却。

③ 每 1 h 用电子温度计分别在罐头杀菌进口处、出口处检查水温 1 次，做好原始记录。

④ 每 2 h 检测罐内中心温度、冷却水余氯含量（冷却水余氯含量要求≥

0.5 mg/kg)，若达不到中心温度要求立即采取措施，产品要隔开堆放。若达不到余氯含量须重新添加。

⑤ 杀菌后冷却至 37 ℃左右。

(2) 不同罐型杀菌式如表 2-1 所示。

表 2-1 不同罐型的杀菌要求

罐型	杀菌温度（℃）	杀菌时间（min）
15173#、783#果汁	81～89	17～22
15153#、9118#果汁	81～87	17～21
9118#	81～85	12～17
7113#	81～85	12～15
783#、795#、852#、668#	81～85	12～15

22. 叠听 冷却后的罐头按罐面的代码、级别、规格分别放到不同的托盘上，按序排放整齐，层与层之间用硬纸板隔开。剔除封盖不合格罐头，并做好相关的叠听记录。

23. 入库 铲车工将码放好的罐头按级别、规格、日期用铲车运输至库房，同时入库员应做好产品规格、级别标识及入库记录，并调节库房温度至 20～25 ℃，仓库相对湿度应保持在所需水平的 75%～80%，做好温湿度记录，要求保温时间不少于 7 d。

24. 包装物料验收 采购的包装物料均应来自企业评定合格的供应商，应对进厂的包装物料进行抽样检验，合格后方可入库。

25. 包装物料储存 仓库保管员凭检验合格报告办理入库手续，并进行标识。仓库应保持清洁卫生，做到防潮，通风干燥，且与墙面、地面保持 15 cm 以上的距离。

26. 包装 先由包装打检员逐层、逐罐进行打检，剔出不合格品，贴标前擦净罐头外壁的灰尘及其他可能存在的油垢等，再按规定要求贴标、装箱，最后封箱叠放。

27. 成品出运 仓储人员按班次、批号，运输入库，叠放整齐，标识清楚；出运时，按销售计划中的批号、班次来提货、装车和出运。

四、柑橘软罐头

随着社会的发展，人们对食品的要求也越来越高。现代食品在确保安全性的前提下要求艺术性和实用性的高度统一。食品作为一种商品，除了其内容物的可食用性之外，其存放的容器等外包装朝着“方便陈列、挑选、携带和使用”的方向发展。

在现代食品包装设计中，要按食品的不同物态，设计不同的容器，要密封、防渗漏、固定良好、体积小，且搬运方便。食品外观的吸引力、商标、图案、颜色，在包装设计中既保护商品完整无损，有利于识别其中货物，又吸引消费者购买。塑料工业的发展为食品采用新材料新包装提供了广阔的空间，高阻隔性塑料包装水果软罐头正是为了适应这个趋势所发展起来的。

（一）定义

软罐头主要是指采用塑料薄膜或金属箔以及它们的复合薄膜制成袋状或具有形状的容器，充填加工产品后，经热熔封口、加热（或加压）杀菌，达到商业无菌状态，可在常温下保存的包装食品。其加工原理及工艺方法类似刚性罐头，但因其包装材料是柔软的，故称之为“软罐头”。常见的包装容器有塑料杯、塑料瓶、蒸煮袋等。

（二）发展历程

罐头食品已经有近200年的历史，而软罐头食品的历史还不长。1940年，美国最早开始软罐头食品的研究。1956年，伊利诺伊大学的Nelson和Seinberg对包括聚酯薄膜在内的几种薄膜进行了试验。从1958年起，美国陆军Natick研究所和Swift研究所开始从事供军队使用的软罐头食品的研究，为了用蒸煮袋代替战场上用的马口铁罐头食品进行了大量的试制和性能试验。1969年，Natick研究所制成的软罐头食品受到信赖，成功地应用于阿波罗宇航计划。

由于这类包装的食品，可以在常温下放置而且有较长的使用寿命，食用时既可以冷食，又可以热食，使用方便，可以节省保存所需的能量，因此，很受人们的欢迎。瑞典是最早生产和销售软罐头食品的国家，但把软罐头食品作为商品化大规模生产的国家是日本。

1968年，日本大塚食品工业公司使用透明高温蒸煮袋包装咖喱制品，在日本最早实现了软罐头商品化。1969年改用铝箔为原料以提高袋的质量，使市场销售量不断扩大。1970年，开始生产用蒸煮袋包装的米饭制品。1972年，开发了蒸煮袋装的汉堡饼，并实现了商品化，同时，蒸煮袋装的肉丸子也投入市场。

（三）软罐头杯的构造

现在使用的高阻隔软罐头杯一般采用五层共挤结构，其结构形式为PP/EVOH/PP，在二个PP（聚丙烯）层中嵌入EVOH（乙烯-乙烯醇共聚物），聚丙烯与EVOH之间使用黏合剂。黏合剂采用马来酸酐（MAH）接枝聚乙烯和丁烯共聚物，黏合层中还可以加入一些抗紫外线成分（图2-19）。EVOH不仅对气体、气味、香料、溶剂等呈现出优异的阻隔性能，也表现出很好的加工性能。

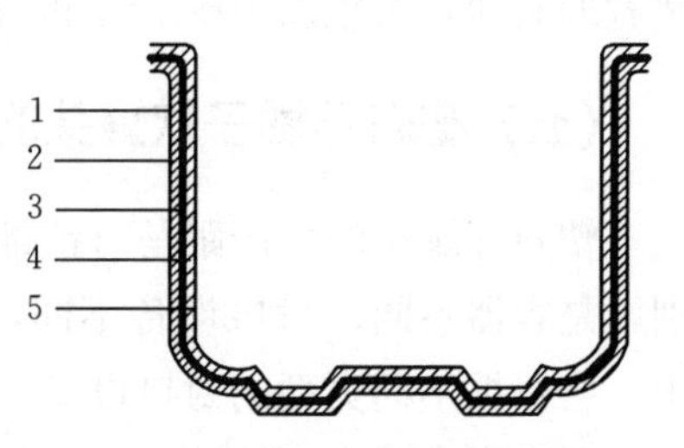

图2-19　五层共挤高阻隔杯结构
1. 聚丙烯　2. 黏合剂　3. EVOH
4. 黏合剂　5. 聚丙烯

（四）高阻隔性塑料杯橘子软罐头的优点

从上面的概念中我们可以看出，软罐头首先具备了罐头应有的特点：①商业无菌；②可常温保存；③具有一定的货架期。同传统马口铁罐头和玻璃瓶罐头相比，具有其鲜明的特点。

1. 透明性　塑料杯容易加工成各种外观形状，可以染色或着色，可以进行印刷装潢，应用透明的塑料包装，更可增添商品的美观效果。

2. 高阻隔性　既有透明性又有阻氧性，克服了现有塑料容器（包袋）透明性和阻氧性不能兼具的严重缺陷，在保质期内使食品的色、香、味得到有效的保证。可在常温条件下长久储藏或流通，可稳定保存。

3. 化学稳定性　高阻隔性包装材料化学性质稳定，其表面无金属离子，不会与内容物发生化学反应，耐油、耐酸、耐碱和保香性均出色，避免了玻璃瓶的铁盖或铁听内壁受食品的腐蚀或对食品风味的影响。同时具有一定的耐热性，适于在121℃以下的各类杀菌处理。

4. 便携性　塑料的相对密度只有金属的1/5、玻璃的1/3～2/3，材质轻，携带方便，开启简单安全；体积小，密封性好且易揭开食用，不存在玻璃瓶或铁听的盖难开的问题；不需要特殊的开罐工具，不会像马口铁或碎玻璃那样锋利容易伤人。

5. 环保节能　相对于玻璃瓶800℃的炼制温度而言，塑料杯300℃的制造温度更具节能优势。材质无毒，可回收，焚烧后分解为二氧化碳和水，不会产生有毒气体。

所以，这种新颖的包装容器，在日本已被广泛应用于糖水水果、方便米饭粥、蔬菜、调味料、果冻等食品的包装，在美国已被应用于罐头食品，受到消费者的欢迎，每年以10%以上的速度增长。

（五）塑料杯橘子软罐头的加工工艺流程

塑料杯罐头的生产跟马口铁罐头、玻璃瓶罐头的流程基本一致，其主要区别就是容器不同、封口设备不同，不同的罐型用不同的封口机。在实际操作中，会根据不同类型的封口设备、加工产品的不同、工厂自身的环境不同，加工工艺流程会略有区别。

五、HACCP技术在柑橘罐头生产中的应用

随着出口食品生产企业卫生注册制度以及国内推行的QS市场准入制度的实行，越来越多的企业建立了以HACCP为基础的食品安全体系，为保障食品安全带来了良好的保证。下面就运用HACCP原理对柑橘罐头进行风险分析，找出关键控制点，建立风险防范体系。

（一）产品描述

1. 产品名称 糖水橘片罐头。

2. 产品成分 橘子、净化水、白糖或果汁、柠檬酸、甲基纤维素（MC）。

3. 加工方法 以新鲜良好、成熟适度、无腐烂变质、无病虫害的橘子或速冻柑橘片为原料，经罐头工艺制成的食用罐头。

4. 产品安全特性 水分活性<0.85，pH：3.2～3.7，糖水糖度：14～22°Bx，无转基因产品及过敏原成分；重金属：总砷（以As计）/(mg/kg)≤0.5、锡（以Sn计）/(mg/kg)≤250、铅（以Pb计）/(mg/kg)≤1.0；微生物：达到商业无菌。

5. 加工方式 按客户要求的罐型和规格进行加工，一般加工有312 g、425 g、850 g、3 000 g等规格。

6. 包装方式 内包装为马口铁罐、玻璃瓶或高阻隔塑料瓶。外包装为瓦楞纸箱。

7. 销售储藏方式 在常温下销售和储藏。

8. 用途 直接开罐食用或作其他食品辅料用。

9. 预期用途和消费者 本产品的消费者包括零售、食品供应及工业用户

等，而产品使用时一般开罐即可食用。消费对象适合普通大众，包括儿童、老年人及抵抗力较弱的群体，不适合糖尿病患者食用。

（二）工艺流程

原、辅料验收→分级→水接收→清洗烫橘→去皮→分瓣→酸碱接收→酸碱处理→橘片分级→挑选→漂检→沥水→空罐罐盖接收→空罐消毒→装罐→司称→辅料接收→辅料调配→加汁→罐盖打印→真空封口→杀菌冷却→堆码保温→包装接收→包装出运。

（三）危害分析

柑橘罐头中存在的风险因素归纳起来有生物危害、化学危害、物理危害3种。

1. 生物危害 生物危害主要是指微生物及其毒素造成的危害，包括所用原料或产品的微生物及其毒素所造成的危害。生产柑橘罐头所用原料中存在着微生物，在清洗、去皮、预煮、装杯、封口、杀菌等生产过程中，由于食品接触面的污染、杀菌不彻底等易造成微生物的交叉污染、繁殖以及生物毒素的释放。

（1）原料在运输过程中可能经过积压，引起致病菌二次污染。

（2）速冻原料在冷藏过程中，如果温度监控不严，可能会因库温过高导致微生物生长，从而引起原料变质，造成危害。

（3）辅料在接收、仓储及配料使用过程中，存在因容器密封性能不好而引起致病菌污染的可能性。

（4）包装容器可能存在质量缺陷，导致封口不严，使产品受到致病菌污染。

（5）装罐工序中，如果装罐过量，会造成杀菌不彻底、致病菌残留。

（6）封口工序中，如果封口不良，会造成内容物泄露、致病菌生长。

（7）杀菌工序中，如果杀菌温度、杀菌时间处理不当，可能会造成致病菌残留。

2. 化学危害

（1）重金属、农药残留 重金属危害主要来自水果原料中铅、砷含量超标。污染来源除原料种植基地遭受工业污染外，金属罐装容器内壁材料和焊接材料也是重要的污染源。

农药残留的危害主要来自水果原料在种植过程中喷洒的农药种类、浓度、时间等未按规范要求操作，存在残留现象；在生产加工清洁过程中未按规范使用杀虫剂也会造成农药残留超标现象。

（2）食品添加剂 添加剂危害来自添加剂违规使用，主要有酸、护色剂、色素等。会影响产品质量和卫生，如果不加控制，会对人类健康造成一定的损害。

（3）其他化学物质　主要来自工厂生产过程中使用的一些化学物质，如清洁剂、消毒剂、润滑油等。

3. 物理危害　物理危害包括各种外来物质。

（1）原料中有可能带入玻璃碎块、金属、塑料、石头和木头以及在生产过程中带入的异物（头发、玻璃碎块、金属、塑料等）。

（2）罐装原料在开罐过程中，可能会产生金属铁屑，造成危害。

（3）在挑选过程中，如果磁条上吸附的金属碎屑过多而未及时清理，则会导致磁条失灵造成漏检。

根据柑橘罐头的加工工艺流程和对上述生产过程中的危害分析，确定其关键控制点（CCP），具体见表 2-2。

表 2-2　危害分析

加工步骤	潜在危害	潜在危害是否显著	对潜在危害的判断提出依据	防止显著危害的预防措施	是否为关键控制点
1 原料接收	生物危害：致病菌污染	是	原料果表面因土壤、雨水及果实霉烂而受到微生物污染	严格按照原、辅料验收标准进行验收，控制原料果的腐烂率≤5%；后道杀菌冷却工序控制	否
	化学危害：农药残留	是	原料果在种植过程中施用农药种类、用量及时间不当；其栽培土壤、水源存在重金属污染	原料供应商须提供农残或重金属的检测合格报告；超标的农残或重金属在后续工序中无法去除	是
	物理危害：砂石、金属等异物	否	原料果在采收、运输过程中带入	可通过后续洗果工序去除	否
2 原料分级	生物危害：无	—			
	化学危害：无	—			
	物理危害：无	—			
3 水接收	生物危害：致病菌污染	否	生产用水受微生物污染	卫生标准操作程序控制	否
	化学危害：游离氯	是	水消毒用氯过量	卫生标准操作程序控制	否
	物理危害：无				

（续）

加工步骤	潜在危害	潜在危害是否显著	对潜在危害的判断提出依据	防止显著危害的预防措施	是否为关键控制点
4 清洗烫橘	生物危害：无				
	化学危害：无				
	物理危害：无				
5 去皮分瓣	生物危害：致病菌污染	是	剥皮人员的手消毒不彻底而导致原料果受微生物污染	卫生标准操作程序控制	否
	化学危害：抗生素等	是	去皮、分瓣人员手上伤口涂抹含抗生素的药膏等	卫生标准操作程序控制	否
	物理危害：毛发、饰品等异物	否	去皮、分瓣人员在操作过程中带入	卫生标准操作程序控制	否
6 酸碱接收	生物危害：无	—	—	—	
	化学危害：酸碱残留	是	有毒有害化合物残留	通过控制合格供方，提供合格酸碱	否
	物理危害：无				
7 酸碱处理	生物危害：无				
	化学危害：酸碱残留	是	酸碱处理液漂洗不彻底	卫生标准操作程序控制	否
	物理危害：无				
8 橘片分级	生物危害：无				
	化学危害：无				
	物理危害：无				

（续）

加工步骤	潜在危害	潜在危害是否显著	对潜在危害的判断提出依据	防止显著危害的预防措施	是否为关键控制点
9 挑选、漂检、沥水	生物危害：致病菌污染	是	剥皮人员的手消毒不彻底而导致原料果受微生物污染	卫生标准操作程序控制	否
	化学危害：抗生素等	是	去皮、分瓣人员手上伤口涂抹含抗生素的药膏等	卫生标准操作程序控制	否
	物理危害：毛发、饰品等异物		去皮、分瓣人员在操作过程中带入	卫生标准操作程序控制	否
10 空罐 罐盖 接收	生物危害：致病菌污染	是	封口结构达不到要求，可能导致密封不良，产品受致病菌二次污染	控制合格供方，空罐罐盖每批进厂检验	是
	化学危害：无				
	物理危害：无				
11 空罐消毒	生物危害：无				
	化学危害：无				
	物理危害：无				
12 装罐	生物危害：致病菌污染	否	装罐人员的手消毒不彻底而导致原料果受微生物污染	卫生标准操作程序控制	否
	化学危害：无				
	物理危害：无				
13 司称	生物危害：致病菌残留	是	装罐量过多，杀菌不彻底，可能造成致病菌残留	控制最大装罐量	是
	化学危害：无				
	物理危害：无				

（续）

加工步骤	潜在危害	潜在危害是否显著	对潜在危害的判断提出依据	防止显著危害的预防措施	是否为关键控制点
14 辅料接收	生物危害：无				
	化学危害：无				
	物理危害：无				
15 辅料调配	生物危害：无				
	化学危害：无				
	物理危害：无				
16 加汁	生物危害：无				
	化学危害：无				
	物理危害：无				
17 罐盖打印	生物危害：致病菌污染	否	打印时罐盖内侧受人工触碰造成微生物污染	卫生标准操作程序控制	否
	化学危害：油墨污染	是	打印时油墨污染罐盖内侧	卫生标准操作程序控制	否
	物理危害：无				
18 真空封口	生物危害：致病菌污染	是	封口结构达不到要求、可能导致密封不良，产品受致病菌二次污染	解剖“三率”不低于规定要求，外观目测正常	是
	化学危害：润滑油污染	否	封口时有润滑油溅入罐头内容物中	卫生标准操作程序控制	否
	物理危害：无				
19 杀菌冷却	生物危害：致病菌残留、致病菌污染	是	杀菌不完全，罐内温度达不到病菌致死条件，可能造成微生物残留，冷却水余氯含量达不到要求，产品可能受二次污染	控制杀菌温度、时间及冷却水余氯浓度	是
	化学危害：无				
	物理危害：无				

（续）

加工步骤	潜在危害	潜在危害是否显著	对潜在危害的判断提出依据	防止显著危害的预防措施	是否为关键控制点
20 堆码保温	生物危害：无				
	化学危害：无				
	物理危害：无				
21 包装接收	生物危害：无				
	化学危害：无				
	物理危害：无				
22 包装出运	生物危害：无				
	化学危害：无				
	物理危害：无				

（四）关键控制点

根据以上糖水橘子罐头各工序加工过程危害分析可以得出，糖水橘子罐头生产中作为有效控制和消除危险因素的关键控制点有以下5个。

1. 原料接收 显著危害为原料在生长过程中，受土壤、灌溉水中污染物的污染，果农不按种植规范喷洒农药，导致柑橘果实受污染和产生农药残留。

2. 空罐罐盖验收 显著危害为封口结构达不到要求，可能导致密封不良，产品受致病菌二次污染。

3. 司称 显著危害为装罐量过多，杀菌不彻底，可能造成致病菌残留。

4. 真空封口 显著危害为封口结构达不到要求，可能导致密封不良，产品受致病菌二次污染。

5. 杀菌冷却 显著危害为杀菌不完全，罐内温度达不到使致病菌致死的要求，可能造成致病菌残留；冷却水余氯浓度达不到要求，产品可能受致病菌二次污染。

（五）HACCP 计划

柑橘罐头 HACCP 计划见表 2-3。

表 2-3 柑橘罐头 HACCP 计划

关键控制点	显著危害	预防措施的关键限值	监控				纠偏措施	验证	记录
			内容	方法	频率	对象			
原料接收 CCP_1	原料在生长过程中，果农可能喷洒农药，会导致农药残留	所接收的原料来自农药检查的安全区域	原料产地证明书	目测	每批原料进行检查	原料收购员	安全区域外原料： a. 拒收 b. 已收原料退货	a. 记录审核 b. 当年农残检测	原、辅材料检验记录
空罐罐盖接收 CCP_2	封口结构达不到要求，可能导致密封不良，产品受致病菌二次污染	OL（%）≥50 TR（%）≥60 JR（%）≥50 空罐无泄漏，罐盖完整，浇胶均匀	封口结构、“三率”、密封性、外观、浇胶	a. 外观目测 b. 封口结构检验 c. 密封试验 d. 目测罐盖完整性	每批空罐罐盖进厂	检验员	检验不合格： a. 拒收 b. 退货	a. 记录审核 b. 商业无菌检验 c. 卡尺检定	a. 空罐进厂验收目测及物理检验记录 b. 空罐进厂验收解剖检验记录 c. 罐头食品商业无菌检验记录
司称 CCP_3	装罐量过多，杀菌不彻底，可能造成致病菌残留	最大装罐量： 425 g（总重）：≤300 g 3 000 g（总重）：≤2 000 g	装罐量	a. 装罐量过称 b. 装罐量抽检	a. 衡器校准 b. 逐罐司称 c. 每隔 15 min 各衡器分别抽检一罐	司称人员	超过最大装罐量： a. 重新过称 b. 对上一时间已封口产品隔离评估	a. 记录审核 b. 商业无菌检验 c. 衡器检定	a. 固形物装罐量抽检记录 b. 罐头食品商业无菌检验记录

（续）

关键控制点	显著危害	预防措施的关键限值	监控				纠偏措施	验证	记录
			内容	方法	频率	对象			
真空封口 CCP_4	封口结构达不到要求，可能导致密封不良，产品受致病菌二次污染	OL（%）≥50 TR（%）≥60 JR（%）≥50 外观无缺陷	封口结构，“三率”，外观	a. 检验封口结构 b. 目测外观	a. 外观目测逐罐进行 b. 封口结构检验每隔 2 h 抽取一罐	封罐工	“三率”达不到要求： a. 停机校车 b. 对上一时间已封口产品隔离评估	a. 记录审核 b. 商业无菌检验 c. 卡尺检定	a. 罐头二重卷边目测检验记录 b. 罐头二重卷边解剖检验记录 c. 罐头食品商业无菌检验记录
杀菌冷却 CCP_5	杀菌不完全，罐内温度达不到使致病菌致死的要求，可能造成致病菌残留；冷却水余氯浓度达不到要求，产品可能受致病菌二次污染	a. 杀菌温度：≥94 ℃ b. 杀菌时间：425 g≥15 min，3 000 g≥20 min c. 中心温度：≥87 ℃ d. 冷却水余氯：≥0.5 mg/kg	温度，时间，余氯	a. 水银温度计测定温度 b. 自动记录仪记录温度 c. 班前秒表检测杀菌时间 d. 比色法测定余氯	a. 温度连续监控 b. 中心温度 4 h 1 次 c. 杀菌时间班前检测 1 次 d. 余氯 2 h 1 次	杀菌操作工	未达到规定要求的半成品 a. 延长或重新杀菌 b. 隔离评估	a. 审核原始记录 b. 商业无菌检验 c. 自动记录仪、水银温度计、秒表、比色管检验	a. 自动记录仪温度记录单 b. 杀菌冷却记录表 c. 罐头食品商业无菌检验记录

六、柑橘罐头加工中常见的质量问题及防止措施

（一）囊瓣质地柔软

1. 原因

（1）烫橘温度和酸碱处理温度不适。

（2）封罐前用排气箱加热脱气时温度和时间不当。

（3）杀菌工序仍采用静置杀菌的方法。

2. 解决措施

（1）剥皮前的烫橘温度应视品系、果实成熟度、储藏时间长短、果皮厚度等而定。烫橘工序应以“温度高，时间短”为原则，以“皮烫肉不烫”为处理终点。

（2）酸碱处理的温度不当时，会造成橘瓣表面粗糙、果肉破碎等问题，应注意观察，及时调整。

（3）改变杀菌设备和杀菌工艺，即以旋转式低温杀菌机代替静置杀菌设备，可以有效地防止橘瓣软化。将封罐工序改用真空封罐机，取消封罐前的加热脱气工序则效果更好。

（二）橘瓣损伤及破碎

1. 原因 主要是剥皮、去络、分瓣的方法及手势不当而引起。国内传统的剥皮方法是从果顶部用指甲剥开果皮，并同时用手指去络。如分瓣时用拇指、食指甚至指甲进行，会使果肉损伤概率增加。

2. 解决措施

（1）改变剥皮方法 用竹片小刀或不锈钢签从果实蒂边果皮部插入，用拇指肚和食指肚去剥果皮，按果蒂的橘络走势轻轻去掉橘络，防止用指甲剥皮。

（2）在分瓣前增加风干工序 剥去果皮后的橘球表面较潮湿润滑，最好在分瓣前使剥皮后的橘球表面干燥一下，增加分瓣时的摩擦力，但风干不可过度。

（3）分瓣时的手势指法要正确 将剥皮后的橘子对分时应双手的拇指肚和拇指球向两侧轻轻掰拉，不要用拇指甲和食指尖、中指尖挤瓣。分瓣时应该用左手轻轻夹住橘肉块，用右手拇指肚向外侧掰分橘瓣，不要用拇指和食指捏橘瓣，也不可用指甲弄伤果肉。

(三) 产生不良气味

1. 原因

(1) 烂番茄臭异味是由于烫橘、加热脱气，特别是杀菌温度过高时引起的。主要是橘肉内含物中某些生化物质转化成二甲硫醚所致。

(2)“氯臭”及“氯酚臭”异味是由于加工用水，特别是糖液配置水的游离氯含量超标并有其他污染所致。

2. 解决措施

(1) 控制各工序的温度及处理时间，特别是应当取消加热脱气工序，采取真空封罐机密封，并用旋转式连续低温杀菌机杀菌。

(2) 应重视原料的新鲜度，储藏原料时，应使储藏环境温度在 2～3℃。

(3) 严格检测加工用水水质，对所用的自来水必须进行二次净化处理。

(四) 汤汁白浊化

柑橘罐头有时在储藏后会出现汤汁白色混浊现象，严重时瓶底会出现白色沉淀。橘瓣背部砂囊柄处出现白色斑点，使成品质量变差。原因是果肉中橙皮苷等混合物的析出，混浊物质中橙皮苷的含量约占 57%。

橙皮苷难溶于水，易溶于乙醇，易在碱性溶液中溶解，且溶解度随温度和 pH 的增加而增大。当每 100 g 橘片中橙皮苷含量超过 10～20 mg，就会有白色沉淀析出。

1. 原因

① 没有选择优良的原料品种。

② 原、辅料的处理不妥当，加工用水硬度过高。

③ 去囊衣时碱液浓度或碱处理时间不够。

④ 生产中吸入污浊冷却水。

2. 解决方法

① 必须选用橙皮苷含量低、成熟度较高的原料进行加工。

② 严格掌握酸、碱处理和漂洗等加工过程。

③ 添加某些高分子物质，如羧甲基纤维素（CMC）和甲基纤维素（MC）以增强罐头糖液中橘皮苷溶解度，防止橙皮苷结晶析出。

④ 添加高纯度橙皮苷分解酶。

⑤ 缩短加工受热时间。

⑥ 生产用水宜用软水。

（五）氧化圈腐蚀

所谓氧化圈腐蚀是罐内内容物表面与罐壁交界处产生的马口铁氧化圈腐蚀。

1. 原因

① 马口铁本身质量。

② 内容物状况，如酸度、盐分等。

③ 罐内真空度状况。

2. 解决方法

（1）马口铁质量的控制　除了要有好的铁基板质量外，对涂锡量有较高的要求。

（2）内容物状况的控制　生产中要控制内容物 pH 为 3.5～3.6 即可，不可太低。

（3）罐内真空度的控制　一般真空度要求在 0.02 MPa 以上，最低不低于 0.015 MPa。真空度控制方法：

① 加注汤汁温度要求＞75 ℃。

② 封口真空度要求达到 0.04 MPa 以上。

③ 杀菌后的罐头，要及时冷却至中心温度 37 ℃以下。

（六）产生苦味

1. 原因　橘子罐头的苦味主要来自橘瓣中柚皮苷及柠檬苦素类化合物。这些物质在罐头中残留量超过一定限度时，就会出现苦味。

2. 解决方法　为解决和防止苦味现象的发生，一般采用以下措施。

（1）柑橘原料选择　不同柑橘品种的柚皮苷及柠檬苦素类化合物的含量是不同的。早熟温州蜜柑品系中含量较高，而中、晚熟品系含量低。

（2）原料的成熟度　同一品种的柑橘，成熟度越高，苦味物质的含量就越低。

（3）原料处理　橘子剥皮时应将橘子表面的橘络去除干净。

（4）在橘子罐头生产中，酸碱处理去囊衣是关键工序。有研究报道，先碱后酸的去囊衣工艺能明显减少柑橘罐头中的苦味物质含量。

（5）充分漂洗及添加 β-环状糊精，也可有效降低柑橘罐头的苦味。

（6）添加高纯度柚皮苷分解酶。

七、产品质量标准

（一）产品代号

柑橘罐头产品代号见表 2－4。

表 2－4　柑橘罐头产品代号

项目	糖水型	果汁型	糖浆型	混合型	清水型
全去囊衣橘子罐头	601	601J	601G	601B	601W
碎片橘子罐头	601 2	601J2	601G2	601B2	601W2
全去囊衣橙子罐头	649	649J	649G	649B	649W
碎片橙子罐头	649 2	649J2	649G2	649B2	649W2
全去囊衣柚子罐头	623	623J	623G	623B	623W
碎片柚子罐头	623 2	623J2	623G2	623B2	623W2
汁胞罐头	639	639J	639G	639B	639W

（二）柑橘罐头的感官指标

柑橘罐头的感官指示如表 2－5 规定。

表 2－5　柑橘罐头的感官指标

项目	优级品	一级品
色泽	橘子罐头和橙子罐头：橘片和橙片呈橙色或橙黄色，色泽较一致，具有与原果肉近似的光泽，汤汁澄清，果肉及囊衣、碎屑等悬浮物甚少 柚子罐头：柚片呈黄色至金黄色，色泽较一致，具有与原果肉近似的光泽，汤汁澄清，果肉及囊衣、碎屑等悬浮物甚少 汁胞罐头：汁胞呈金黄色至橙黄色，汤汁清	橘子罐头和橙子罐头：橘片和橙片呈橙色或橙黄色，色泽较一致，具有与原果肉近似的光泽。汤汁尚澄清，允许有极轻微的白色混浊、白点或有少量果肉、橘络、囊衣碎屑 柚子罐头：柚片呈黄色至金黄色，色泽较一致，具有与原果肉近似的光泽，汤汁尚澄清，允许存在少量果肉及囊衣、碎屑 汁胞罐头：汁胞呈黄色，汤汁尚清，允许少量白色沉淀
滋味气味	应具有产品应有的滋味和气味，酸甜适口，无异味	应具有产品应有的滋味和气味，酸甜适口，允许稍有苦涩味或轻微煮熟味

（续）

项目	优级品	一级品
组织形态	橘子罐头应符合以下要求： 全去囊衣罐头：橘片囊衣去净，无橘络。质嫩，食之有脆感。橘片饱满完整，形态近似半圆形，大小厚薄较均匀。清水型产品的破碎片以重量计不超过固形物重的15%，糖水型、果汁型、糖浆型、混合型产品的破碎片以重量计不超过固形物重的7%。以200 g固形物重量计，残留种子不得超过1粒 碎片罐头：橘片囊衣去净，组织软硬适度，每片完整度应大于整片面积的1/3；完整度小于1/3的橘片，以重量计不超过固形物重的10%。以200 g固形物重量计，残留种子不得超过1粒 柚子罐头和橙子罐头应符合要求： 囊衣去净，无筋络，食之有脆感，柚片和橙片基本完整，形态呈长半圆，大小厚薄较均匀。允许形状3/4以上断角片作为整片，破碎片以重量计不超过固形物重量的10%，以200 g固形物重量计，残留种子不得超过1粒 汁胞罐头应符合要求： 汁胞饱满，颗粒分明；允许橘核不超过固形物含量的1%，破碎率不超过20%	橘子罐头应符合以下要求： 全去囊衣罐头：橘片囊衣去净，允许个别橘片有少量残留囊衣、橘络。橘片基本完整，形态近似半圆或长半圆形，大小厚薄较均匀。清水型产品的破碎片以重量计不超过固形物重的20%，糖水型、果汁型、糖浆型、混合型产品的破碎片以重量计不超过固形物重量的10%。以200 g固形物重量计，残留种子不得超过1粒 碎片罐头：橘片囊衣去净，组织软硬适度，完整度应大于整片面积的1/3；完整度小于1/3的橘片，以重量计不超过固形物量的15%。以200 g固形物重量计，残留种子不得超过1粒 柚子罐头和橙子罐头应符合要求：囊衣去净，无筋络，食之有脆感，柚片和橙片基本完整，形态呈长半圆，大小厚薄尚均匀。允许形状3/4以上断角片作为整片，破碎片以重量计不超过固形物重量的15%，以200 g固形物重量计，残留种子不得超过1粒 汁胞罐头应符合要求：汁胞饱满，颗粒尚分明；允许橘核不超过固形物含量的2%，破碎率不超过30%

（三）柑橘罐头的主要理化指标

1. 固形物含量

（1）产品的固形物含量应符合表2-6的规定。

表2-6　产品固形物含量

类　型	优级品	一级品
镀锡薄板容器装柑橘罐头	≥55%	
玻璃瓶装柑橘罐头	≥55%	≥50%
软包装柑橘罐头（复合塑料杯、袋、瓶等）	≥55%	≥50%

（2）固形物偏差要求：①固形物含量在 245 g 以下的单罐允许偏差为±11%，②固形物含量在 246～1 600 g 的单罐允许偏差为±9%，③固形物含量在 1 600 g 以上的单罐允许偏差为±4%。每批产品平均固形物含量不低于标示值。

2. 可溶性固形物含量（20 ℃，按折光计法）

（1）糖水型和糖浆型罐头，开罐时要求：①低浓度：8%～14%；②中浓度：14%～18%；③高浓度：18%～22%。

（2）果汁型罐头，开罐时要求：①低浓度：7%～14%；②中浓度：14%～18%；③高浓度：18%～22%。

（3）混合型罐头，开罐时要求：①极低浓度：10%～14%；②低浓度：14%～18%；③高浓度：18%～22%；④特高浓度：22%～35%。

3. pH 产品的 pH 应为 3.2～3.8。

4. 微生物指标 产品的微生物指标应符合罐头食品商业无菌要求。

5. 食品添加剂 食品添加剂的使用应符合 GB 2760 的要求。

（四）柑橘罐头的产品缺陷

柑橘罐头缺陷分类见表 2-7。

表 2-7 柑橘罐头缺陷分类

类别	缺陷
严重缺陷	有胖听、漏听现象 内容物浑浊 有明显异味 有有害物质，如碎玻璃、毛发、昆虫、金属屑、肉眼可见的内流胶等
一般缺陷	有一般极少量的杂质，如棉线、合成纤维丝等 感官要求明显不符合技术要求 净含量超过允许负偏差 固形物含量低于标示值 可溶性固形物含量不符合要求

第三章 柑橘果汁及果汁饮料

一、概况

柑橘果汁饮料是目前世界上最大宗的果汁饮料品种。柑橘果汁按照制造原料的不同可分为甜橙汁、葡萄柚汁、柠檬汁、宽皮柑橘汁等多种类型。其中甜橙汁是最重要的柑橘汁品种，占柑橘汁总产量的95%左右。全球甜橙汁的生产主要集中在巴西的圣保罗和美国的佛罗里达两个地区。葡萄柚汁多数产于美国，柠檬汁在意大利和美国都有生产，宽皮柑橘汁主要产自我国、日本和韩国。

我国目前大众消费的主要是柑橘原汁含量10%的果汁饮料，高端消费为100%还原型橙汁与100%非还原型橙汁，100%橙汁的流通方式有冷链流通与非冷链流通2种。

在某种程度上可以说，没有柑橘果汁加工业的发展，就不能形成甜橙类果品的产业集中，也就难以实现柑橘加工副产品的深加工产业化。柑橘汁生产是拉动柑橘产业发展的最大动力。可口可乐公司的“果粒橙”单品在中国大陆的年销售额就达几百亿人民币。NFC橙汁也受到国内市场欢迎。美国等企业已在大陆寻找NFC橙汁生产的合作伙伴，产品已投放市场。

二、柑橘品种的制汁特性

（一）柑橘品种制汁物理性状

柑橘品种制汁的物理性状主要是指出汁率、果皮率与种子含量，表3-1为部分柑橘品种制汁物理性状。

表3-1 部分柑橘品种15 kg果实制汁物理性状

品种	果皮重量(kg)	种子重量(kg)	果渣重量(kg)	果汁重量(kg)	果皮率(%)	出汁率(%)
早橘	2.7	0.2	5.0	7.1	18.0	47.3
宫川温州	3.1	0.2	3.8	7.9	20.7	53.3

（续）

品种	果皮重量（kg）	种子重量（kg）	果渣重量（kg）	果汁重量（kg）	果皮率（%）	出汁率（%）
本地早	3.8	0	3.0	8.2	25.3	54.7
山田温州	3.7	0.7	5.4	5.2	24.7	34.7
红柿柑	3.7	0.1	2.8	8.4	24.7	56.0
尾张温州	3.7	0.6	3.9	6.8	24.7	45.7
槾橘	3.7	0	4.7	6.6	24.7	44.0
雪柑	3.4	0.1	6.6	4.9	22.7	32.7
椪柑	3.9	0.2	5.2	5.7	26.0	34.7
温岭高橙	3.9	0.4	5.3	5.4	26.0	36.7
血橙	3.6	0.4	5.9	5.1	24.0	34.0

（二）柑橘品种制汁化学性状

柑橘品种制汁化学性状主要如下。

1. 可溶性固形物含量与含酸量 汁用柑橘品种可溶性固形物含量应大于10%，含酸量0.85%～1.0%，固酸比以10～20为宜，糖、酸含量过高或过低在加工时均需进行相应调整。

2. 维生素C的含量 维生素C是柑橘果汁的特征性营养成分，但维生素C含量过高，则易使果汁褐变现象严重。

3. 苦味指数 苦味指数分为：极苦、较苦、微苦、不苦四级，极苦与较苦的品种不适宜于果汁加工。表3-2为部分柑橘品种制汁化学性状。

表3-2 部分柑橘品种制汁化学性状

品种	可溶性固形物（°Bx）	总酸（以柠檬酸计）（%）	固酸比	每100 g维生素C含量（mg）	苦味
早橘	10.9	0.9	12.5	15.51	+
宫川温州	11.5	0.7	16.0	34.78	0
本地早	12.8	0.8	16.6	28.19	0
山田温州	12.9	0.7	18.1	37.84	0
红柿柑	15.2	1.4	11.0	72.16	++
尾张温州	12.0	0.8	14.6	24.64	0
槾橘	11.3	1.0	11.1	31.32	+++

（续）

品种	可溶性固形物（°Bx）	总酸（以柠檬酸计）（%）	固酸比	每 100 g 维生素 C 含量（mg）	苦味
椪柑	13.5	1.2	11.7	24.64	+++
温岭高橙	10.8	1.6	6.7	44.16	+++
血橙	12.5	0.8	16.7	42.75	++
哈姆林	13.0	1.4	9.2	63.92	0
印早橙	12.5	1.0	12.4	58.29	++
刘本橙	12.2	1.3	9.4	53.94	++

注：极苦为+++，较苦为++，微苦为+，不苦为0。

从表 3-2 中可以看出，宽皮柑橘的出汁率明显高于甜橙类及其杂种；早熟品种的含酸量明显低于晚熟品种；不同柑橘品种其维生素 C 的含量变化呈一定的趋势：宽皮柑橘的维生素 C 含量相对较低，而甜橙类则明显高于宽皮柑橘，而一些甜橙类与宽皮柑橘的杂交品种，比如红柿柑等，其维生素 C 的含量特别高，表现出明显的杂种优势。

三、柑橘果汁、果汁饮料的分类

柑橘果汁饮料分类见图 3-1。

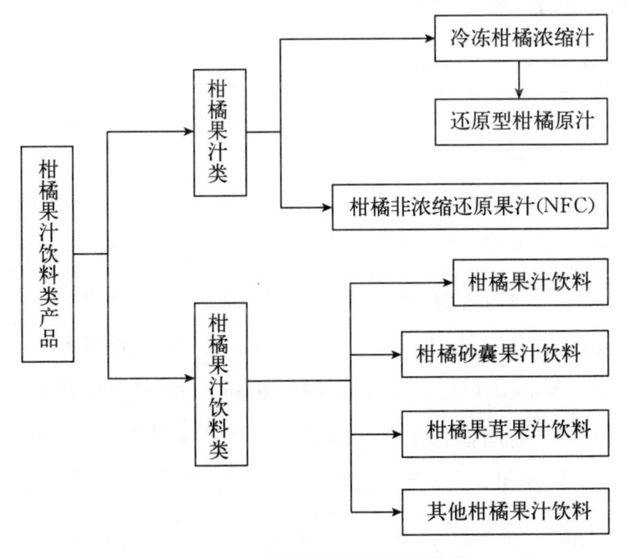

图 3-1　柑橘果汁饮料的分类

四、柑橘果汁

当今世界柑橘果汁的主流产品是传统的冷冻浓缩橙汁（FCOJ 及 FCTJ）和新兴的非浓缩还原（not-from concentrate，即 NFC）橙汁两大类。

我国在 20 世纪 80 年代已引进以真空加热浓缩为关键技术的冷冻浓缩橙汁生产线 30 多条，经过几十年，国外柑橘果汁的相关制造技术，特别是榨汁机与浓缩设备技术已有长足发展。

（一）柑橘浓缩果汁

1. 定义 冷藏浓缩橙汁是大型橙汁加工企业的一种主要产品形式，这种类型的浓缩橙汁既能够让消费者加水稀释饮用，也可以供下游的饮料生产厂家通过稀释、调配以后制造橙汁类饮料。冷藏浓缩橙汁具有易于保存、利于储运的优点，但也有加工过程复杂、风味物质和营养成分损失较多、直接消费不方便等缺点。

2. 生产工艺技术

（1）工艺流程

柑橘浓缩果汁工艺流程见图 3-2。

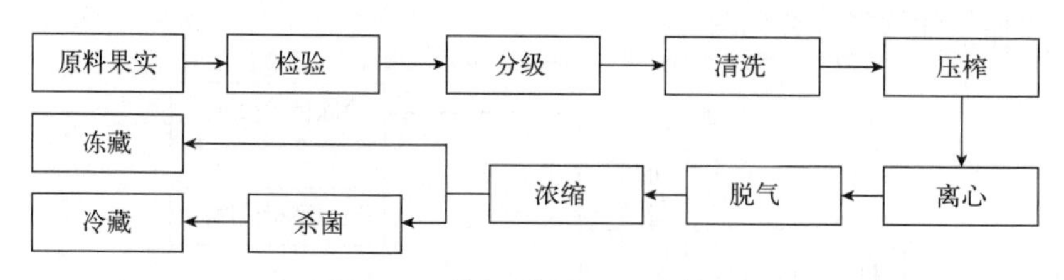

图 3-2 柑橘浓缩果汁工艺流程

（2）操作要点

① 品种的选择 国外柑橘汁加工专用品种主要是橙类，主要包括早熟的哈姆林（Hamlin）、帕森布朗（Parson Brown），中熟的凤梨（Pineapple）及晚熟的伏令夏橙（Valencia）和杂柑类的葡萄柚、宽皮柑橘类的温州蜜柑（日本历史最高年份生产温州蜜柑浓缩汁 8 万 t，消耗果实达 100 万 t，在实行甜橙汁自由化之后的 1995 年，年产量仍有 1.3 万 t，消耗果实 15 万 t 以上，占柑橘总产量的 10%）。

② 清洗与消毒 在清洗池内添加适量的表面活性剂和碱性剂，能有效

去除柑橘表面附着的污物与农药残留。清洗结束后，用一定浓度的消毒剂（如二氧化氯等）进行果皮表面灭菌；灭菌结束后，用无菌水将果实冲洗干净。

③ 压榨　目前使用的压榨机如下。

a. PJE 榨汁机（FMC 公司制造）　该机的关键技术是进行瞬间剥皮并把果汁从果实中瞬间分离出来，最大限度缩短了果汁与囊衣、种子和中心柱的接触时间，从而使果汁中的精油含量下降 30%～80%，源自精油的异味组分（d-柠烯、柠檬苦素、己烯醛等）也相应下降了 40%，苦味及辛辣味也有所下降。采用这种榨汁机，确保了 NFC 果汁的高品质。

b. 布朗榨汁机（Brown 公司制造）　该机原理是把柑橘横向切为两半，对果实切面研磨挤榨，因此所得果汁中基本不含有果皮成分，极大地保证了果汁的纯正风味和新鲜感，适用于 NFC 果汁的生产。

④ 离心　这是浓缩果汁与纯果汁生产工艺不同之处，离心工艺是尽量去除果汁的果肉碎屑，减少果汁黏度，防止浓缩过程产生焦化现象。

⑤ 脱苦　柑橘果汁脱苦方法主要采用树脂吸附和酶法分解技术。美国应用 Amberlite 系列树脂对果汁进行脱苦减酸；日本应用较多的还有 HP-20 吸附树脂，并已设计制成吸附柱组合柑橘汁脱苦机。酶法脱苦采用柚皮苷分解酶，日本产品的价格为 1 200 元人民币/kg 左右，按使用量以 0.1%计，则 1 t 柑橘原汁的成本将上升 1 200 元。

⑥ 脱气　柑橘果汁中含有大量气体，脱气工艺能将果汁中大部分氧气脱除，有助于防止柑橘果汁的氧化作用。一般采用真空脱气法进行，真空度要求在 0.06～0.08 MPa。

⑦ 浓缩　柑橘果汁的浓缩方法主要有冷冻浓缩机法、真空浓缩法及膜浓缩法。我国生产上常用的为真空浓缩法，真空浓缩法采用的设备有离心薄膜蒸发器、板框式浓缩机、降膜式浓缩机等。目前国外先进的浓缩方法如下。

a. 真空闪蒸浓缩法　该法的最大特点是果汁浓缩时接触面大，热交换效率高，采用该法可以防止果汁过度加热，防止出现加热臭，并完全消除褐变现象。在配置芳香物质回收装置的情况下，能最大限度地提高产品的色、香、味。

b. 反渗透浓缩法和超滤浓缩法　该法可获得澄清型果汁，美国 FMC、DuPont 等公司已推出“Fresh Notes”膜浓缩柑橘汁专利技术，把反渗透和超滤合理组合，在常温下把 12°Bx 的柑橘原汁浓缩到 45°Bx，已开始在生产中投产应用。

我国目前常用的浓缩设备为三效降膜式真空浓缩机，如图 3 - 3 所示。

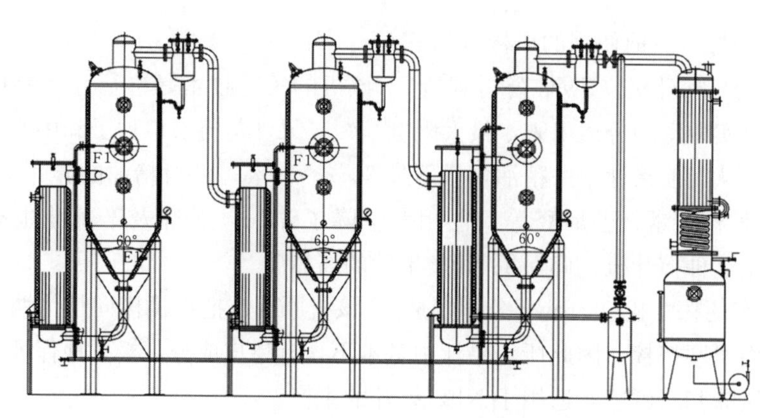

图 3 - 3　三效降膜式真空浓缩机

目前，国外柑橘浓缩汁的浓缩标准一般为 65°Bx，我国除了生产 65°Bx 的浓缩汁外，也生产 32°Bx 等的浓缩汁。

⑧ 杀菌　采用列管式超高温瞬时灭菌器（图 3 - 4）进行灭菌，灭菌温度为 110～115 ℃，时间为 1～1.5 min。

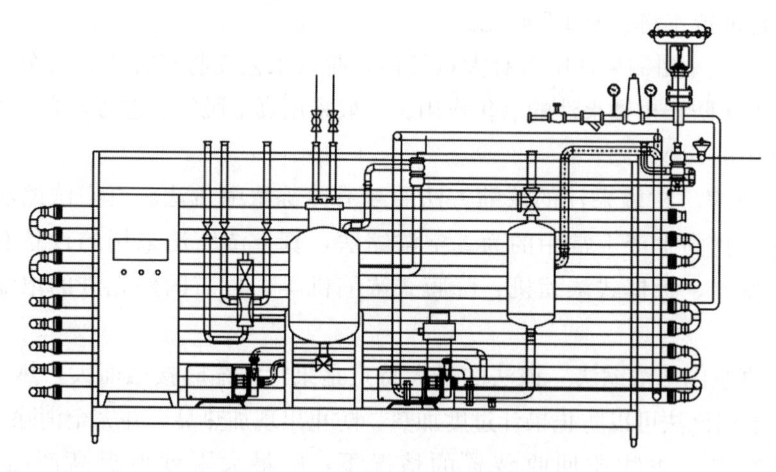

图 3 - 4　列管式超高温瞬时灭菌器

⑨ 储藏　储藏分冷藏与冻藏 2 种，冷冻储藏的产品不需要经过杀菌工艺，冷冻温度为低于－18 ℃；而冷藏产品必须经过 UHT 灭菌，冷藏温度则为－2～4 ℃。柑橘浓缩汁、NFC 果汁及果茸生产设备流程见图 3 - 5。

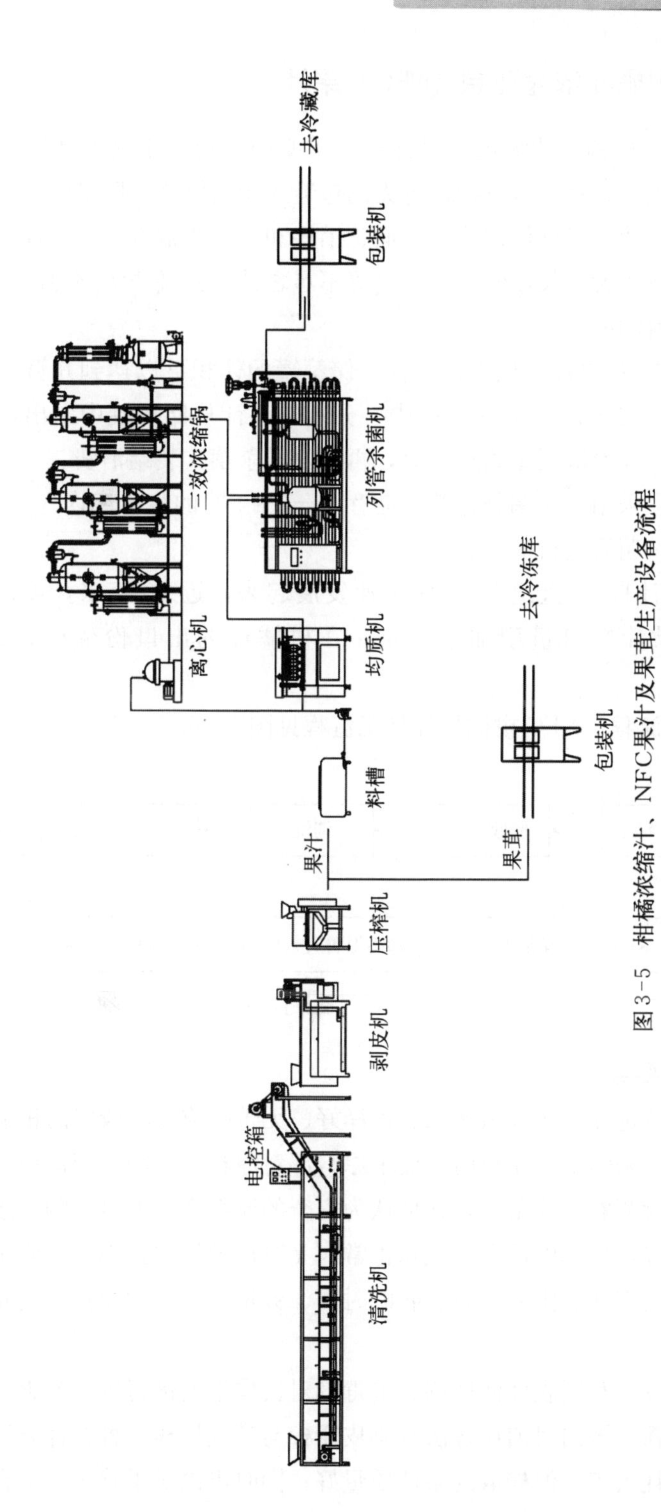

图 3-5 柑橘浓缩汁、NFC果汁及果茸生产设备流程

（二）柑橘非浓缩还原（NFC）果汁

1. 定义 柑橘非浓缩还原果汁是将果实中压榨出来的原汁通过排气、灭菌等前处理工序，然后再直接进行无菌包装或无菌储藏的原果汁。这种果汁具有风味物质和营养成分保留比较全面、销售和饮用非常方便、更加耐储运等优点，但也有体积大、长途储运成本高等不足之处。柑橘非浓缩冷凉果汁也可充当柑橘汁饮料的原料。

国外的NFC果汁采用大罐储存，储藏罐的体积可以达到几百吨甚至几千吨。大罐储存在−2～0℃的冷库中，分装时果汁从储藏罐中泵出，直接进行装罐，也可以经冷链远距离运输后，再经巴氏杀菌，装罐消费。

我国则多采用大无菌袋包装，储存于−2～4℃的冷风库内。制作成品时，一般经巴氏杀菌后进行灌装。

NFC果汁自20世纪90年代迅速发展起来，近10年来，美国FCOJ公司的NFC果汁出口量增加了7倍，在柑橘汁的出口份额中也从10%增至50%。

2. 工艺流程 NFC柑橘果汁加工流程见图3-6。

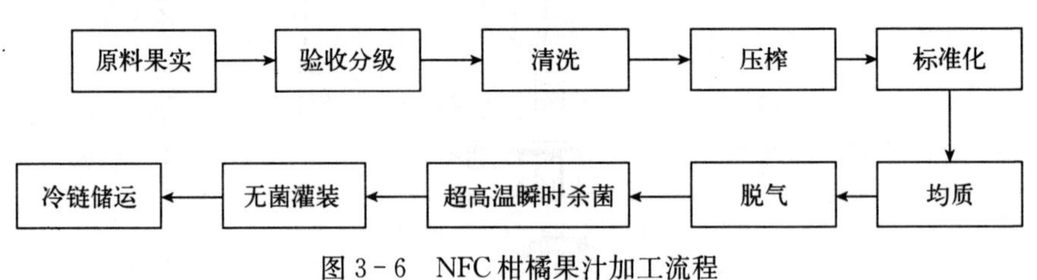

图3-6 NFC柑橘果汁加工流程

3. 操作要点

（1）原料选择 选择风味浓、色泽好、无苦味或苦味较轻的柑橘品种，无籽品种更佳。采购水果原料前，要求原料部对原料产地的农药使用情况进行调查，并抽样检测农药残留量，评估认为安全的原料产地方可采购。水果原料要求：新鲜良好，成熟度适合，风味正常，无腐烂及机械损伤，无病虫害。原料验收后，标明产地、供方姓名、收购时间、数量。不同的原料产地及收购时间应分开堆放。

（2）清洗 利用表面活性剂、消毒剂对柑橘果实进行脱毒与灭菌处理。

（3）压榨 国内目前压榨法有剥皮压榨与带皮压榨2种榨汁方法，剥皮压榨法虽然多耗人工，但榨取的果汁质量好；同时可以对果茸进行综合利用，剥出的果皮洁净度高，可作为精油与果胶生产的良好原料。剥皮榨汁法是今后综合利用发展的方向。剥皮后的柑橘球可以用螺旋式压榨机或刮板式打浆机进行榨汁。

（4）标准化处理　按产品质量标准对柑橘果汁进行标准化处理，对糖酸度进行调整，但不能同时加糖加酸。

（5）均质　均质压力：25～30 MPa，均质温度 50～60 ℃。

（6）脱气　脱气真空度要求：0.06～0.08 MPa。

（7）超高温瞬时杀菌　将浓缩后的橘汁经过列管式超高温瞬时灭菌机，灭菌温度 110～115 ℃，灭菌时间 1～1.5 min，杀菌结束后快速降温至 40 ℃以下。

（8）无菌包装　用聚乙烯-铝箔双层无菌袋进行无菌包装。

（9）储藏　于－2～4 ℃的低温环境下冷链储运，可防止果汁的褐变与维生素的损失。

（10）包装出运　按生产日期班次堆放无菌包，出运时逐一检查，剔除胖包。对出货的日期、批号进行核对，将检验合格的无菌包进行包装装箱。NFC 柑橘果汁生产设备流程见图 3－7。

（三）澄清型柑橘果汁

澄清型柑橘果汁主要用于透明型柑橘砂囊饮料的制作，也可用于某些果汁鸡尾酒的配制。澄清型柑橘果汁由于除去了果汁中的果肉碎屑，其营养成分有所下降，但其制品澄清透亮，具有良好的感官效果。其制作方法如下。

1. 酶解法　在柑橘果汁中添加适量的果胶酶或果胶酶与半纤维素等的复合酶，将果汁温度控制在 45～50 ℃，酶解 30～60 min，经 120 目以上滤布过滤，即可得到柑橘清汁。

2. 下胶法

（1）琼脂下胶法　按果汁总量的 0.015％～0.025％称取琼脂，用适量水化开，直接添加于柑橘浊汁中，剧烈搅拌，使琼脂与果汁均匀混合，两者产生凝聚反应，静置后取上清液。也可将果汁与琼脂的混合液速冷后，用高速离心机离心，实现在线澄清。

（2）海藻酸钠下胶法　按果汁总量的 0.03％～0.05％称取海藻酸钠，用适量去离子水加热溶解，加入果汁中搅拌均匀，取适量氯化钙溶解成水溶液，一边搅拌一边加入果汁混合液中，海藻酸钠遇钙离子发生强烈的析水反应，将果汁中的果肉碎屑等一起凝析，经 120 目以上滤布过滤，即得柑橘澄清汁。

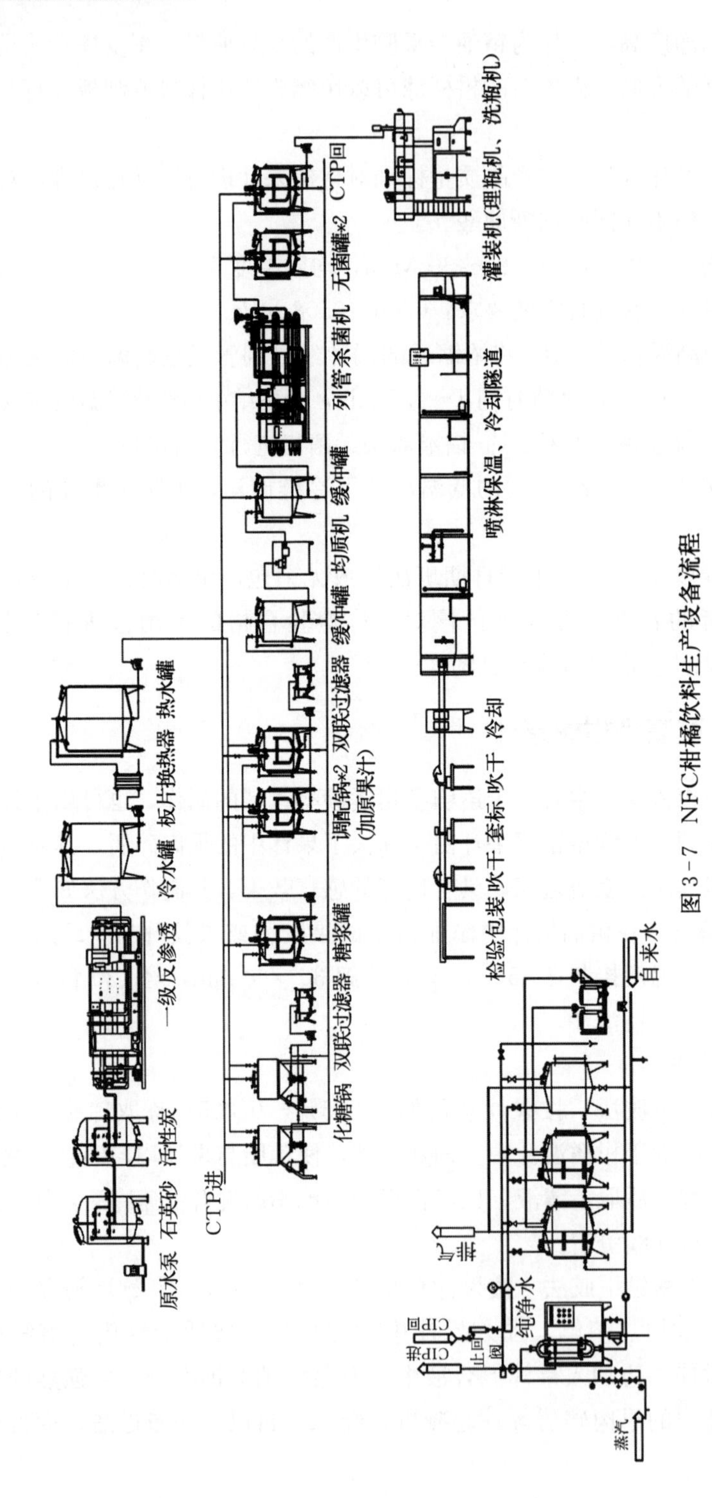

图3-7 NFC柑橘饮料生产设备流程

五、柑橘饮料

（一）柑橘果汁饮料

1. 定义 柑橘果汁饮料是指柑橘原汁含量≥10%的果汁饮料。相对制作成本较低，适合大众消费。

2. 生产工艺技术

（1）配方

1 000 kg 柑橘饮料成品参考配方

原料	用量
白砂糖	30～50 kg
71°Bx 果葡糖浆	100～120 kg
柑橘原汁	100 kg
果胶	1.0～1.5 kg
柠檬酸	1.5～2.5 kg
苹果酸	0.5～0.8 kg
柠檬酸钠	0.5～0.75 kg
维生素 C	0.3～0.5 kg
水溶性β-胡萝卜素	适量
乳化柑橘香精	适量
净化水	定容至 1 000 kg

（2）工艺流程 见图 3-8。

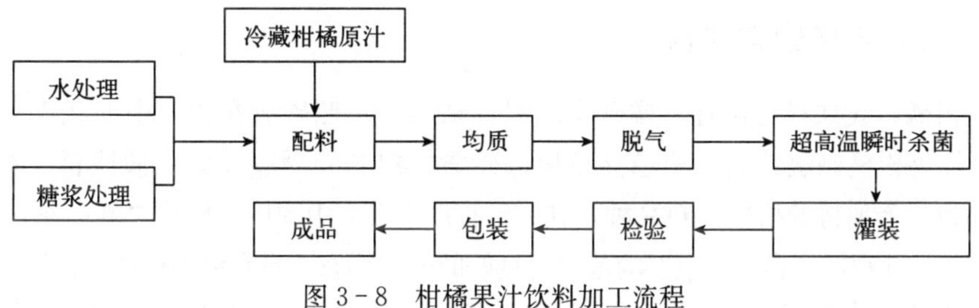

图 3-8 柑橘果汁饮料加工流程

3. 操作要点

（1）水处理 水处理是柑橘果汁饮料生产中的重要一环，一般要经过石英砂粗滤、活性炭吸附、反渗透处理 3 个环节。饮料用水质要求如表 3-3 所示。

表 3-3　饮料用水的质量要求

项目名称	指标	项目名称	指标
浊度	<2 度	高锰酸钾消耗量	<10 mg/L
色度	<5 度	总碱度（以 $CaCO_3$ 计）	<50 mg/L
味及臭气	无味，无臭	游离氯	<0.1 mg/L
总固形物	<500 mg/L	细菌总数	<100 个/mL
总硬度（以 $CaCO_3$ 计）	<100 mg/L	大肠菌群	<3 个/L
铁（以 Fe 计）	<0.1 mg/L	酵母	<5 个/100 mL
锰（以 Mn 计）	<0.1 mg/L	致病菌	不得检出

（2）配料　将白砂糖与果胶干混均匀，加水在高速化糖罐里化开，后泵入配料缸中，再加入果葡糖浆，搅拌均匀；然后加入果汁；最后加入酸料，料液经 120 目以上的滤布过滤，定容。

（3）均质　将配制好的料液进行均质，均质压力为 25～30 MPa，均质温度 50～60 ℃。

（4）脱气　均质后的料液用脱气机脱气，脱气真空度要求 0.06～0.08 MPa；脱气结束后加入水溶性 β-胡萝卜素、维生素 C 及乳化香精，搅匀。

（5）UHT　脱气的料液经超 UHT 灭菌机灭菌，灭菌条件温度为 110～115 ℃，时间为 1～1.5 min。

（6）灌装　灭菌结束后，灌入经过消毒的容器内。无菌灌装要求灌装温度≤40 ℃，热罐装要求灌装温度≥85 ℃。

（7）检验　产品经检验合格后即为成品。

（二）柑橘砂囊饮料

柑橘砂囊饮料是含有柑橘砂囊的果汁饮料，按照砂囊在饮料中的状态可分为悬浮型柑橘砂囊饮料、非悬浮型柑橘砂囊饮料和碎凝胶砂囊柑橘饮料。本产品作为一个独特的柑橘饮料品种，在一定程度上符合中国传统食品“色、香、味”的特色。外观形态属于“色”的范畴，良好的外观形态，具有促进食欲的作用。

柑橘砂囊饮料自 20 世纪 80 年代问世以来，已走过 20 多年的历程，由于其具有真实感强、外观漂亮、营养丰富、口感独特等优点，深受消费者的好评，多年来稳占了饮料市场的一席之地。

1. 分类

（1）悬浮型柑橘砂囊饮料　是指添加有悬浮胶体、砂囊均匀悬浮于汤汁的

柑橘砂囊饮料，根据汤汁的透明度又可分为透明型柑橘砂囊饮料和混浊型柑橘砂囊饮料。

（2）非悬浮型柑橘砂囊饮料　砂囊不悬浮于汤汁的柑橘砂囊饮料。

（3）碎凝胶砂囊柑橘饮料　碎凝胶砂囊柑橘饮料，商品名“粒粒爽”，是一种特殊类型的柑橘砂囊饮料。此品种是含一定比例的柑橘砂囊、柑橘汁及由水溶性纤维形成的小块结实碎凝胶的新型饮料，具口感滑爽、营养丰富的特点，为饮料市场的新兴产品。

2. 柑橘砂囊专用品种选择

（1）原料选择标准　制作柑橘砂囊的原料，应符合 4 个标准：①砂囊圆整、柄短，色素含量高，达到形状美观、色泽红润的要求。②砂囊壁较厚，加工不易破碎；砂囊之间结合疏松，易分离。③果味物质及橙皮苷含量少。④口感柔软，纤维质少。

（2）砂囊物理性状比较　目前生产柑橘砂囊的主要柑橘品种有椪柑、温州蜜柑、槾橘、早橘。从表 3－4 可以看出，早橘砂囊最为圆整、坚实，其次为椪柑、温州蜜柑、槾橘，但砂囊柄以早橘最长。

表 3－4　4 个品种柑橘砂囊物理性状比较

品　种	砂囊圆整度（长/宽）	砂囊坚实度	砂囊柄长度（mm）
温州蜜柑	2.5	＋	3.3
椪　柑	2.4	＋＋	1.4
早　橘	1.8	＋＋＋	4.5
槾　橘	3.4	0	2.5

注：＋＋＋为很坚实，＋＋为坚实，＋为柔软，0 为很柔软。

（3）砂囊化学性状比较　苦味以槾橘最重，椪柑次之，而温州蜜柑基本上没有苦味；可溶性固形物 4 个品种差异不大（表 3－5）。

表 3－5　4 个品种柑橘砂囊化学性状比较

品　种	砂囊苦味	砂囊可溶性固形物（%）
温州蜜柑	0	9.0
椪　柑	＋＋	9.2
早　橘	＋	8.5
槾　橘	＋＋＋	8.7

注：＋＋＋为极苦，＋＋为苦，＋为微苦，0 为不苦。

（4）砂囊加工性状比较　破碎率及成品吨耗以早橘最低，其次为椪柑，最后为槾橘与温州蜜柑（表3-6）。

表3-6　4品种柑橘加工性状比较

品　种	砂囊破碎率（%）	成品吨耗/鲜果量
温州蜜柑	9.7	1.4
椪　柑	4.5	1.2
早　橘	3.2	1.1
槾　橘	6.5	1.35

注：破碎率的检测采用甲基蓝染色法，用0.1%甲基蓝溶液，将砂囊浸泡3 min，捞出，用清水漂洗干净，将染色粒与未染色粒分别计数，破碎率=染色粒/(染色粒+未染色粒)×100。

（5）砂囊成品饮料比较　色泽以槾橘最佳，椪柑第二，早橘与温州蜜柑色泽较差。饮料口感以椪柑最好，砂囊质感强，无渣感；早橘砂囊质感强，但有渣；温州蜜柑与槾橘砂囊过于柔软，无质感（表3-7）。

表3-7　4个品种柑橘砂囊成品饮料评价

品　种	砂囊色泽	砂囊口感	综合评价
温州蜜柑	淡橙黄	柔软，质感不强	良
椪　柑	橙黄	质感强，无渣感	优
早　橘	淡橙黄	质感强，有渣感	良
槾　橘	橙红	柔软，质感不强	良

从以上结果可以看出，早橘砂囊最圆整、坚实度最高，成品吨耗原料最低，但砂囊柄最长，成品不够美观，并且砂囊渣感严重，口感欠佳。温州蜜柑与槾橘砂囊过于柔软，破碎率较高，成品吨耗原料较大，砂囊柄一般，成品也不够美观。椪柑砂囊圆整度好，砂囊柄短，成品美观，咀嚼性佳，成品吨耗原料小，破碎率低，唯一的缺点是苦味物质含量较高，但通过半成品的漂洗工艺和添加抑苦剂，基本上可以解决苦味问题。经综合性状比较，认为椪柑是柑橘砂囊生产最适宜的品种。

3. 砂囊半成品的生产技术

（1）工艺流程　见图3-9。

（2）操作要点

① 分级　为了保证柑橘砂囊颗粒大小的一致性，必须对柑橘果实进行分级，一般分大、中、小三级。生产出来的半成品也相应分为大、中、小三级。果实分级也有助于热烫温度的控制。

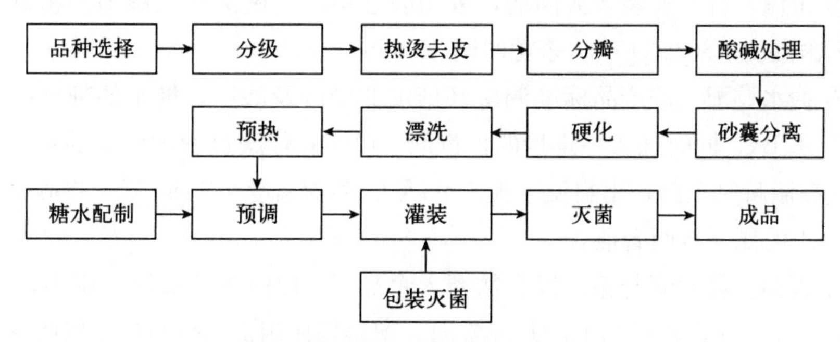

图3-9　柑橘砂囊半成品加工流程

② 烫橘　根据果实大小热烫1～1.5 min。

③ 剥皮分瓣　剥皮时用剥皮刀从蒂部剥入，剥皮后的橘球置操作台上风干10～15 min，然后分瓣，这样可以减少砂囊的破碎率。

④ 酸碱处理　酸处理，橘瓣：水＝1：2，盐酸用量3%左右，处理时间根据水温及原料质量的差异一般在30～45 min。碱处理，橘瓣：水＝1：2，氢氧化钠用量在0.1%左右，处理时间根据水温及原料质量的差异一般在3～5 min。

⑤ 砂囊分离　目前砂囊分离方式主要有涡轮式（图3-10）与冲激式（图3-11）2种，

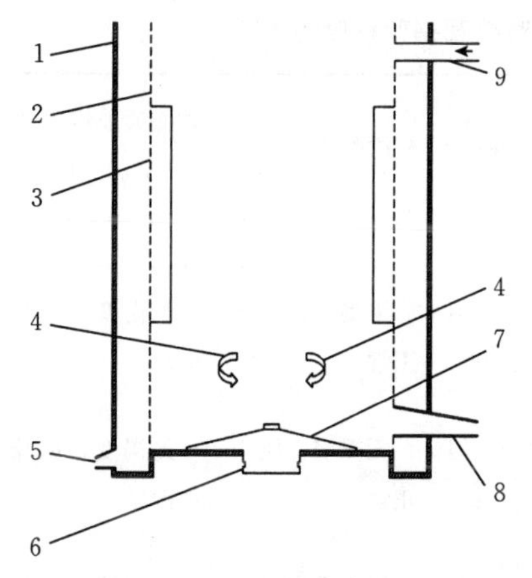

图3-10　涡轮式砂囊分离机原理示意

1. 分离桶　2. 桶形分离网　3. 挡板
4. 涡轮旋转方向　5. 砂囊出口　6. 动力轮
7. 涡轮　8. 排渣口　9. 进水管

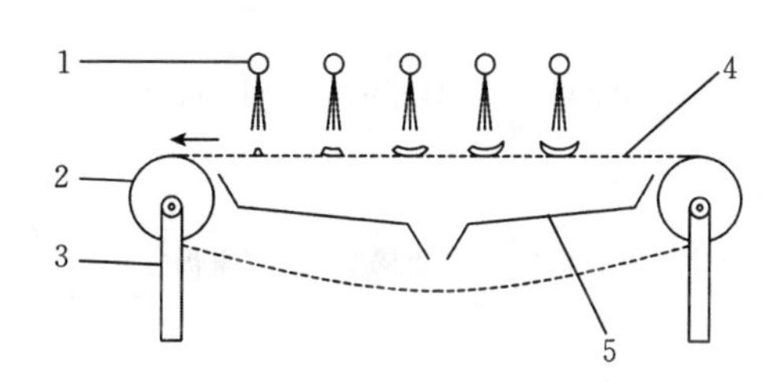

图3-11　冲激式砂囊分离机原理示意

1. 高压水管　2. 动力轮　3. 支架
4. 筛网式运送带　5. 砂囊接收斗

⑥ 硬化　用食品级氯化钙配成0.3%～0.5%的水溶液，将分离好的砂囊浸入15～30 min，然后用清水漂净。

⑦ 杀菌　将砂囊装入灭菌篮，采用静态移动灭菌法在灭菌槽中将砂囊灭菌，灭菌温度（80±2）℃，杀菌时间 15 min。

⑧ 糖水调配　按产品标准调整好糖水的糖度及酸度，糖水的糖度一般控制在 6～8°Bx，同时加入一定量的护色剂，以防止储藏过程中砂囊的褐变。糖水经超高温瞬时灭菌，出料温度大于 95 ℃，砂囊温度大于 80 ℃。将砂囊：糖水＝1：1 的比例将两者混合。

⑨ 灭菌　将砂囊与糖水混合物灌入食品级 PE 桶或马口铁大罐中，85 ℃保温 15～30 min，然后马上冷却至室温，塑料桶使用铝膜热封口，以防漏气变质。储藏于阴凉通风的常温库房中。

（3）柑橘砂囊的护色技术

柑橘砂囊在冷链流通的情况下，能较好地控制褐变现象，但储运成本偏高，要实现常温储运，必须解决砂囊变质与严重褐变的问题。采用添加复合抗氧化剂的方法能有效解决砂囊褐变问题。

柑橘砂囊在常温下储运，会产生严重的褐变现象，按照 GB 2760 的要求，经多种抗氧化剂的对比试验（表 3－8），得出复合抗褐变剂的配方是：柠檬酸亚锡二钠 0.03%＋EDTA 二钠 0.003%。以此配方加工的柑橘砂囊，在常温储运条件下，在 12 个月的保质期内护色效果良好。

表 3－8　常温条件下不同氧化剂对果茸褐变程度的影响

时长	CK	抗坏血酸（0.03%）	异抗坏血酸钠（0.03%）	焦亚硫酸钠（0.04%）	柠檬酸亚锡二钠（0.03%）	柠檬酸亚锡二钠（0.03%）＋EDTA 二钠（0.003%）
3 个月	明显褐变	明显褐变	明显褐变	无褐变，但有 SO_2 异味	无褐变，风味正常	无褐变，风味正常
6 个月	严重褐变	严重褐变	严重褐变	无褐变，但有 SO_2 异味	无褐变，风味正常	无褐变，风味正常
12 个月	无食用价值	无食用价值	无食用价值	无褐变，但有 SO_2 异味	轻度褐变，风味正常	无褐变，风味正常

4. 砂囊饮料成品的生产技术

（1）悬浮型砂囊饮料的原理　随着悬浮型柑橘砂囊饮料的兴起与发展以及各种新型胶体的问世，其生产技术也在同步的发展与完善。从饮料的工艺配

方，特别是悬浮理论的探索及新型悬浮剂的开发方面，都取得了长足的进步。

在首个悬浮型果粒饮料品种——柑橘砂囊饮料面世以来，关于果粒悬浮的原理一直都在被探索。在众多的研究中，Stokes 定律被认为是解释果粒悬浮现象的经典理论，该定律又称“球状实体在液体中下沉时所受阻力的方程”，是由乔治·斯托（1819—1903）在 1845 年发现。该定律认为，液体中颗粒的沉降速度与颗粒半径呈正比，与颗粒和液体的密度差呈正比，与液体比重呈反比。

但后来的许多研究表明，依据该定律来解释果粒饮料的货架悬浮问题，还有很多不尽人意之处。研究者发现，对同一增稠剂或悬浮剂而言，随其浓度的提高、黏度的增大，汁胞悬浮的时间增长。但有趣的是，在不同增稠剂或悬浮剂之间，即使溶液的黏度相同或相近，汁胞悬浮稳定性却不一定相同，有的甚至差异很大，有些胶体，如 CMC、黄原胶等其黏度虽然很高，甚至丧失饮料的适口性，但却不能使汁胞长时间悬浮。最后研究者发现：黏度与饮料稳定性之间没有相关性；而悬浮性和饮料稳定性之间显著相关。因此，果粒饮料的货架悬浮实际上是一种微碎凝胶对果粒的支撑现象（图 3－12）。此原理的发现，不但为果粒悬浮现象作出了合理的解释，同时也为悬浮饮料中悬浮剂的选择指明了方向：从理论上讲，一切能产生凝胶的单体或复合胶都可用作悬浮剂。而只会产生黏度不会形成凝胶的胶体不可能单独成为悬浮剂。

图 3－12　果粒悬浮理论模型

然而在生产实际中，真正能作为悬浮剂在生产中应用的胶体，还必须具备以下几个条件：①符合食品添加剂的安全性要求。②具有很好的风味释放性能，口感优良。③具有优越的耐酸热分解能力。④抗析水性能强。⑤具有较高的凝胶温度点，便于工艺操作。⑥用量省，具有较好的经济性能。

(2) 几种常用悬浮剂基本性状比较

① 琼脂　是以半乳糖为主要成分的一种高分子多糖类。基本骨架由苷键交替相连的β-D-吡喃半乳糖和α-L-吡喃半乳糖构成。琼脂在1%的浓度时，不需要任何助剂便能形成相当结实的凝胶。琼脂是最早用于柑橘砂囊饮料的悬浮剂。

② 卡拉胶　卡拉胶是一类从红藻中提取的水溶性多糖。20世纪60年代，Rees等对卡拉胶的组成和结构进行了深入的研究，证实卡拉胶是由1,3-β-D-吡喃半乳糖和1,4-α-D-吡喃半乳糖作为基本骨架交替连接而成的多糖。根据半酯式硫酸基在半乳糖上连接的位置不同，可将卡拉胶分为7种类型，分别用希腊字母κ-、μ-、ι-、ν-、λ-、Θ-、η-来表示。目前，在工业上生产和使用的卡拉胶主要有κ-型、ι-型和λ-型3种。

卡拉胶是一种线性多糖化合物，由于残基上有半酯式硫酸盐基，因此，卡拉胶成为一种离子型分子电解质，κ-型卡拉胶对K^+敏感，易形成强烈的凝胶；ι-型卡拉胶对Ca^{2+}敏感，易形成强度较高的凝胶；而λ-型卡拉胶不能形成凝胶。κ-型卡拉胶在K^+存在下加热至70℃以上，双链4位负电荷的硫酸基对准和接近，被K^+中和形成氢键，冷却后可形成热可逆的凝胶。

③ 海藻酸钠　是从褐藻类的海带或马尾藻中提取的一种多糖，是由β-D-甘露糖醛酸和α-L-古洛糖醛酸组成的一种聚合物，其分子式为$[C_6H_7O_6Na_2]_n$。海藻酸钠能与二价以上的金属离子如Ca^{2+}、Ba^{2+}、Al^{3+}等发生置换反应，形成不可逆型凝胶。

海藻酸钠主要由两种糖醛酸单体组成，一种是甘露糖醛酸（简称M），另一种是古洛糖醛酸（简称G）。这两种糖醛酸的链式结构十分相似，但当其聚合成大分子后的空间结构差异很大。整个海藻酸大分子可由M多聚、G多聚和MG混合共聚3种不同区段嵌合而成。从不同的褐藻提取出的海藻酸中两种单体含量的比例也不同，会影响产品的物理性质和化学性质。高G海藻酸盐产品所形成的凝胶强度高、易碎，有较好的热稳定性；高M海藻酸盐产品所形成的凝胶比较软，热稳定性差，但是有弹性，冻融稳定性较好。

④ 黄原胶-甘露聚糖　黄原胶是20世纪50年代美国农业部门从野油菜黄单孢菌（*Xanthomonas campestris*）中发现的中性水溶性多糖。美国FDA于1969年批准可将其作为不限量的食品添加剂；1980年，欧洲经济共同体也批准将其作为食品乳化剂和稳定剂。

黄原胶有一个显著的特征是其与甘露聚糖的协同效应，如槐豆胶等。当黄原胶与甘露聚糖混合时，其混合物黏度较之其中任何一种单独存在时都明显增

加。这一特性使得黄原胶与甘露聚糖的复合物能用作果粒饮料悬浮剂。黄原胶与甘露聚糖同促作用在悬浮饮料中得到广泛应用的有：黄原胶-魔芋胶及黄原胶-槐豆胶两种组合。

a. 黄原胶-魔芋胶　魔芋胶的主要成分是葡甘露聚糖，分子式为 $[C_6H_{10}O_5]_n$，是由D-葡萄糖和D-甘露糖按1∶1.6摩尔比以β-1,4糖苷键连接而成的杂多糖。

黄原胶和魔芋胶都是非凝胶多糖，但将两者按一定比例混合可以出现协同作用，得到凝胶，当黄原胶与魔芋胶的比例为7∶3（m∶m），总含量为1.0%时，协同效应达到最大值。混合多糖胶凝化能力不仅与混合比例有关，还与饮料体系中盐离子浓度有关，盐离子浓度为0.2 mol/L时，凝胶强度最大。

b. 黄原胶-槐豆胶　槐豆胶是产于地中海一带的刺槐树种子加工而成的植物籽胶，是一种以半乳糖和甘露糖残基为结构单元的多糖化合物，单体不会凝胶。

当槐豆胶与黄原胶的比例为2∶8时，混合液的黏度最高，其协效性最好。

⑤ 低酯果胶　果胶是从柑橘果皮等提取的一种植物胶，是以聚半乳糖醛酸为基本骨架的高分子多糖，按照其分子中半乳糖醛酸上羧基酯化度的不同，分为高酯（HMP）果胶（酯化度>50%）和低酯（LMP）果胶（酯化度<50%）。

HMP果胶依靠氢键与糖、酸结合形成凝胶，因所要求的糖浓度较高，故难以在悬浮饮料中得到应用。而LMP果胶依靠游离羧基与多价阳离子形成离子键凝胶，因此只需有一定浓度的阳离子的存在和一定的温度条件就可以在少糖和无糖的条件下形成胶凝。LMP果胶是一种对酸性较稳定的多糖，在pH在3.1左右时凝胶强度和黏度最大。因此，在用LMP果胶作稳定剂时，在不影响悬浮饮料滋味前提下要尽可能地将pH调低。

⑥ 结冷胶　是一种阴离子微生物多糖，它是在有氧条件下由少动鞘脂单胞菌（*Sphingomonas paucimobilis*）产生的。1978年，其首次由美国科学家发现，1988年日本成功地完成了结冷胶的毒理实验并准许结冷胶在食品中应用，在1992年得到美国FDA的许可应用于食品饮料中，欧共体1994年正式将其列入食品安全代码（E-418），我国在1996年批准其作为食品增稠剂、稳定剂使用。

结冷胶多糖主链结构是一个线性四糖重复单位，由β-D-葡萄糖、β-D-葡萄糖醛酸和α-L-鼠李糖作为重复单元以2∶1∶1的摩尔比聚合成长链分子。

a. 低酰基结冷胶　低酰基结冷胶依靠其游离基团与二价金属离子形成凝胶的特性，与适量的 Ca^{2+}、Mg^{2+} 等离子结合形成三维网络结构，既具有良好的承托力，又具有假塑性和极低的黏性，使饮料保持良好的流动性及悬浮能力，在酸性条件下也很稳定，因此在果粒悬浮饮料中有很好的应用价值。用pH为10的碱液处理高酰基结冷胶可得到低酰基结冷胶，低酰基结冷胶形成的凝胶结实有脆性，类似于琼脂。

b. 高酰基结冷胶　高酰基结冷胶的凝胶柔软而富有弹性，其凝胶质构适应于很多食品的需求。在乳品悬浮中，高酰基结冷胶在低浓度时的流变性能发挥良好的悬浮作用，其在酸奶中应用优势有以下几点：具有与酪蛋白相溶性，不会像低酰基结冷胶一样形成挂壁现象；具有低用量、结构复原特性良好等特性。在含有纤维的果汁饮料和豆制品饮料中，高酰基结冷胶也可以良好地发挥悬浮作用而不产生沉淀。高酰基结冷胶在70℃左右形成柔软、有弹性的凝胶，且无温度滞后性。

由于高酰基结冷胶具有用量省、凝胶温度点高、抗析水、不挂壁等优点，目前被广泛应用于"悬浮砂囊牛奶"饮料中。几种胶体的悬浮性状比较见表3-9和图3-13。

表3-9　几种胶体的悬浮性状比较

种类	饮料口感	耐酸热分解性	使用量（%）	悬浮温度（℃）	增效剂
琼脂	口感清爽，风味释放能力强	弱	0.1～0.15	20～28	CMC等
卡拉胶	有黏稠感，风味释放能力较弱	弱	0.04～0.06	20～35	K^{+}、Ca^{2+}、Mg^{2+}、葡甘聚糖等
海藻酸钠（高G）	口感较清爽，风味释放能力中	弱	0.1～0.2	—	Ca^{2+}、缓冲剂等
海藻酸钠（高M）	黏稠感较强，风味释放能力弱	弱	0.1～0.2	—	Ca^{2+}、缓冲剂等
黄原胶-魔芋胶	黏稠感强，风味释放能力弱	中	0.03～0.05	25～45	磷酸盐、柠檬酸盐
黄原胶-槐豆胶	黏稠感较强，风味释放能力较弱	中	0.03～0.05	25～45	磷酸盐、柠檬酸盐
低酯果胶	口感较清爽，风味释放能力中	较强	0.2～0.4	25～35	Ca^{2+}、Mg^{2+}等
低酰基结冷胶	口感清爽，风味释放能力强	较强	0.01～0.02	25～38	K^{+}、Na^{+}、Ca^{2+}、Mg^{2+}等
高酰基结冷胶	口感较清爽，风味释放能力中	较强	0.01～0.02	55～75	K^{+}、Na^{+}、Ca^{2+}、Mg^{2+}等

注：—表示暂无相关研究数据。

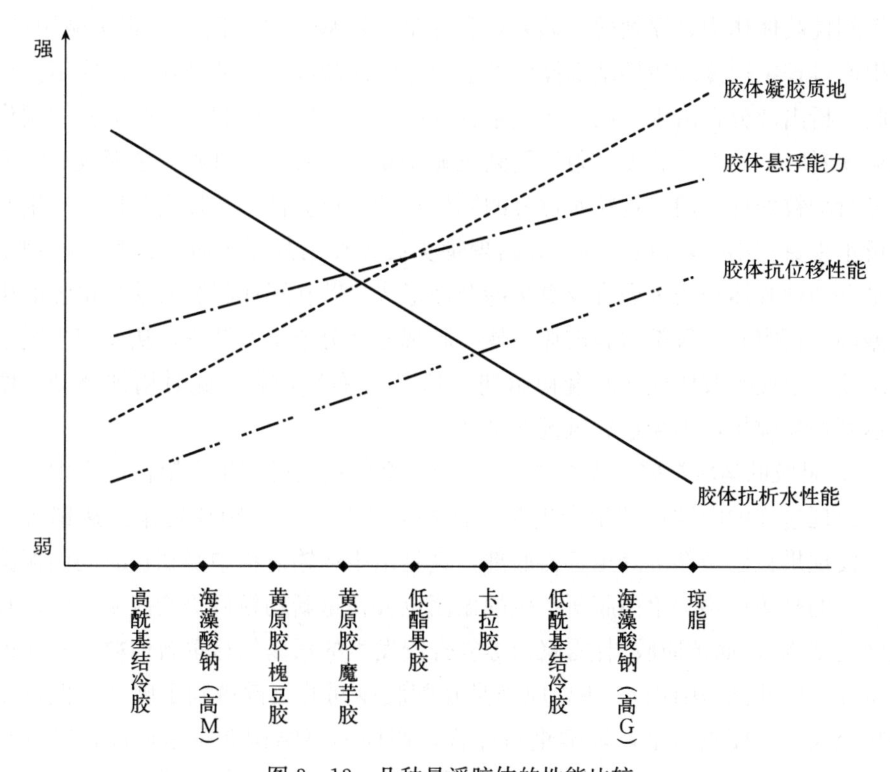

图 3-13　几种悬浮胶体的性能比较

注：胶体质地强表示凝胶硬、脆；胶体质地弱表示凝胶柔软、有弹性。

（3）悬浮饮料生产中常见的工艺问题及解决方法

① 悬浮剂的酸热降解　悬浮剂的酸热降解是影响悬浮型果粒饮料稳定性的关键因素。酸热条件能加剧胶体的分解失效，最明显的有琼脂、卡拉胶、甘露聚糖类，果胶与结冷胶的耐酸热性稍强，胶体的分解会严重影响悬浮效果。在生产实践中，如果配料过程中胶体加热时间过长、加酸时间过早或由于储料桶容量过大，造成热料储存时间过长，都会造成悬浮困难，或同一批量产品中初灌装产品与末灌装产品质量不一致的情况。为了解决这个问题，在生产中可采取热溶胶、冷配料、超高温瞬时灭菌、限量储料、限时灌装及快速冷却的生产工艺。用此工艺生产悬浮型果粒饮料，可明显降低悬浮剂的使用量，并使同一批次产品质量保持一致。

② 析水　悬浮型果粒饮料经常出现的一个产品缺陷是析水现象，既在饮料上部出现一段既不含悬浮剂，又不含果粒的透明层，与下部饮料体形成明显界限，不雅观，易被消费者误认为饮料变质。

由于采用悬浮剂的不同，析水现象的出现可分为两种原因。第一，利用琼脂等刚性胶体作为悬浮剂的，如果在悬浮剂的凝胶温度点附近受到机械振动，如生产过程中边冷却边摇动等操作都会引起胶体凝胶状态的破坏，形成不完全凝胶，析出部分自由水，同时产生絮状的胶体凝聚物。因此，以此类胶体制作果粒饮料时，严禁在胶凝点附近受到机械振动。只有在其凝胶完全形成后，才可进行均粒处理，同时均粒时过分的剧烈摇动，也会使凝胶发生破坏，产生胶体析水现象。第二，以黄原胶-甘露聚糖类胶体作为悬浮剂时，其凝胶作用主要是靠两种胶体经物理嵌合及氢键缔合而形成，若在形成凝胶后受到稍强的机械振荡，很容易使氢键遭到破坏，使凝胶现象部分或全部消失，从而产生脱水或沉淀，故此类胶体应在胶凝初始期（45 ℃左右）均粒，此时稍加摇动，便可达到均粒效果，不会造成氢键的破坏。

③ 果粒的运输沉降（振荡位移） 悬浮型果粒饮料在生产销售过程中，经常会出现这样的问题：即生产出悬浮良好的产品，经长距离运输到达销售点时，发现果粒已全部沉降至容器底部，这是由于运输过程中受到长时间的振荡而产生的机械位移。单体胶所产生的振荡位移在重新均粒后仍能恢复悬浮（真性网络结构），而黄原胶-甘露聚糖等复合胶发生的振荡位移重新均粒后不能恢复悬浮（假性网络结构），主要原因是互配胶体间的氢键遭到了破坏。但重新加热至胶凝温度点以上，氢键重新缔合，假性网络结构能重新形成，恢复悬浮。生产厂家可以根据销售运输距离的长短，通过调节胶体用量，改变胶体的凝胶强度，以减少或克服振荡位移。

要保持悬浮饮料的稳定性，关键在于根据不同的饮料品种，选择相应性能的悬浮剂，悬浮剂性能包括胶体的抗酸热分解能力、悬浮强度、抗脱水性、挂壁现象及凝胶点温度等。但单从悬浮剂的优劣来讨论悬浮饮料的稳定性是片面的，制作悬浮饮料的工艺条件，对胶体的凝胶性能和饮料的稳定性也有很大的影响：采用热溶胶、冷配料、后酸化、超高温瞬时灭菌、限量热储料及装瓶后快速冷却的工艺流程来降低悬浮剂的酸热降解，可保证同一批次产品质量的一致性；在凝胶温度点保持静态凝胶及均粒时避免剧烈振荡，可明显减少胶体的析水现象；根据产品运输距离的远近及运输条件的差异调节悬浮剂的用量以防止产生运输沉降。只有悬浮剂的选择与饮料生产工艺有机地结合，才能获得满意悬浮效果。

要彻底、高效地解决悬浮型果粒饮料生产过程中存在的问题，还期待于高度耐酸热降解、凝胶温度点高、不影响饮料风味同时抗析水性能强的新型悬浮剂的开发研制。新型胶体的开发应用及各种胶体的有机复配有助于获得满意的产品，这是悬浮型果粒饮料今后的研究和发展方向。

（4）悬浮型砂囊饮料的生产技术

① 配方

1 000 kg 柑橘砂囊悬浮饮料成品参考配方

原料	用量
白砂糖	30～50 kg
71°Bx 果葡糖浆	100～120 kg
柑橘原汁	100 kg
柑橘砂囊	50 kg
悬浮剂胶体	0.2～1.5 kg
柠檬酸	1.5～2.5 kg
苹果酸	0.5～0.8 kg
柠檬酸钠	0.5～0.75 kg
维生素 C	0.3～0.5 kg
水溶性 β-胡萝卜素	适量
橙汁香精	适量
净化水	定容至 1 000 kg

② 工艺流程　见图 3-14。

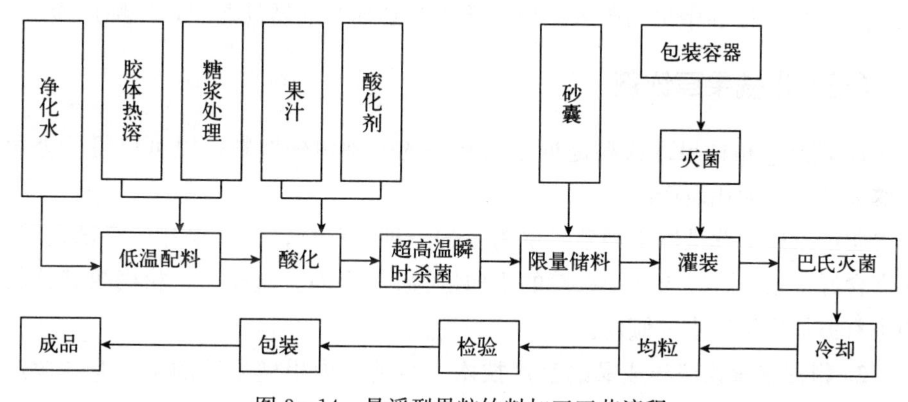

图 3-14　悬浮型果粒饮料加工工艺流程

③ 操作要点

a. 砂囊半成品清洗　因为椪柑砂囊含有较多的柠檬苦素等苦味物质，在加工成品时，必须对柑橘砂囊进行清洗，以减少苦味，一般用无菌水漂洗 2～3 遍。

b. 配料　配料先用 50%的水化开白糖及悬浮剂，然后加入果汁及剩余 50%的冷水，再加入其他辅料，为了防止悬浮剂胶体的分解，最后加入柠檬酸。汤料配好后的温度为 60 ℃左右，随后经 120 目过滤布过滤。

c. 包装容器杀菌　过滤后的汤料用超高温瞬时杀菌器杀菌，杀菌温度为

110～115 ℃，杀菌时间为 1～1.5 min。

d. 灌装　将清洗后的砂囊与灭菌汤料混合，在 100 r/min 左右的转速搅拌下一次性灌装，可调整转速调节灌装均匀度。砂囊的输送采用正弦泵进行（图 3-15），正弦泵不使用转子、齿轮、活塞等装置，而是采用了特殊制造的叶片。叶片形状如两条正弦波曲线，同时与一个活动刮板和一个固定衬套共同动作，构成一种特殊形式的容积泵，可实现流体的超低剪切、无脉冲输送，是高黏度或带固体颗粒无破损输送的最佳设备。

图 3-15　正弦泵输送颗粒原理

e. 巴氏灭菌　在灌装温度低于 75 ℃时，灌装后的产品必须进行后杀菌，杀菌条件一般为 85 ℃，15 min。

f. 冷却均粒　本产品杀菌冷却后必须进行均粒，使砂囊悬浮均匀。匀粒时不可用力过大，以免产生气泡。

g. 检验　砂囊中极易带入杂质，检验时必须 360°转动瓶子，仔细灯检。

（三）柑橘果茸饮料

1. 定义　柑橘果茸饮料是近年来新兴的一种柑橘饮料，以可口可乐公司的“果粒橙”为代表产品。

所谓柑橘果茸是以柑橘砂囊壁为主的一种茸状物，含有果汁的全部营养，并富含纤维素。一般果汁中果茸的添加量为 3%左右。近年来，柑橘果茸饮料中也有添加柑橘砂囊的倾向。

2. 柑橘果茸饮料半成品的生产技术　目前国内柑橘果茸的生产有“改进螺旋压榨法”与“双道打浆法”2 种。

（1）改进螺旋压榨法工艺要点　此工艺一般适用于宽皮柑橘果茸的制作。

① 果实清洗　利用表面活性剂、消毒剂对柑橘果实进行脱毒与灭菌处理。

② 热烫去皮　按果实的大小，热烫时间控制在 1～1.5 min。

③ 压榨　采用改进式螺旋压榨机（图 3-16）压榨。改进式螺旋压榨机使原来果茸的硬性挤压排出变为随螺旋转动的顺势挤压排出，提高果茸从滤板排出的流畅度。不仅提高了出料速度，同时能较好地保持果茸形态的完整性。

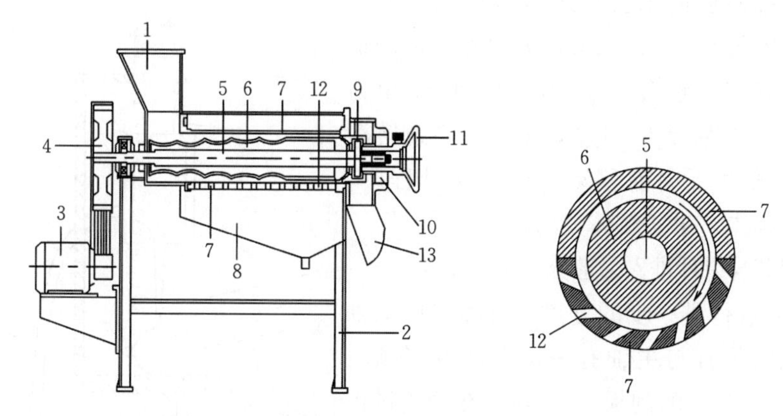

图 3-16　螺旋式果茸与果汁联产压榨机原理

1. 进料斗　2. 机架机架　3. 动力　4. 传动机构　5. 主轴　6. 压榨螺旋　7. 过滤板　8. 盛汁器　9. 调压头　10. 压紧座　11. 调节手轮　12. 斜形滤孔　13. 果渣出口

柑橘果肉加入进料斗中，在螺旋的推进下受压，囊瓣破裂，因螺旋腔体积的逐渐缩小，形成对物料的挤压而榨出果汁和果茸。果茸与果汁从过滤板的斜孔中被挤入底部盛汁器中，而质地坚韧的囊瓣壁及橘络渣则随着螺杆送至螺杆与调压头的锥形部分之间形成的环状空隙排出。调压头沿轴向的移动可调整空隙的大小。顺时针转动手轮时，调压头向左，空隙缩小，反之则空隙变大。改变孔隙的大小，即调整排渣的阻力，即可改变柑橘果茸及果汁的产出率及质量。如果孔隙过大，部分砂囊会从排渣孔排出，影响果茸产量；但如果孔隙过小，在强力挤压下，部分囊瓣壁也会被挤碎通过滤板被挤出，从而影响果茸质量。斜形滤孔的孔径（Φ）由原来的 0.5 mm 增大到 2.5～3.0 mm 后，使原来只能出汁的过滤板变成既能出汁又能排出果茸的双效过滤板。

④ 分离　将果茸与果汁的混合物用离心机分离，分别得到果汁与果茸。

⑤ 储藏　果茸用食用塑料袋包装，在－18 ℃温度下储藏。

（2）双道打浆法工艺要点　此工艺一般适合于甜橙果茸的制作。

① 果实分级清洗　柑橘果实用分级机按果实大小分为三级，用表面活性剂、消毒剂对柑橘果实进行脱毒与灭菌处理。

② 热烫剥皮　按果实大小等级，确定热烫时间，一般为 1～1.5 min。

③ 捅芯　果实热烫去皮后，进行捅芯。捅芯机结构剖面示意如图 3-17 所示。在间歇式机械冲力与拉伸弹簧的共同作用下，作往复式冲击运动，冲出的果芯随导芯软管排向果芯收集筐。

④ 分离　捅芯后的果实进入分离工艺，双道分离机结构剖面示意如图 3-18

所示。捅芯后的果实从进料口投入一道分离室（室长 0.8～1.6 m），分离室的传动轴上均匀安装与轴有一定倾斜度（倾斜角为 0°～30°）的刮板 4～8 块，果实在高速转动的刮板推动下向前移动，在移动过程中，受刮板撞击，果实解体分离。

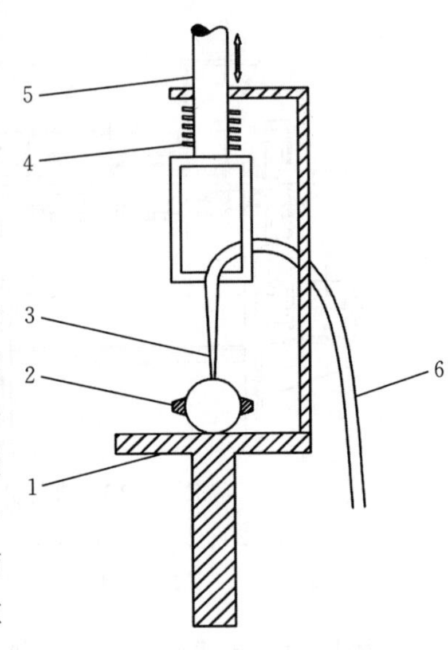

图 3－17　甜橙捅芯机结构

1. 支架　2. 固定夹　3. 斜形冲头　4. 复位弹簧　5. 冲压杆　6. 导芯软管

果茸与果汁进入二道分离室（室长 0.8～1.6 m）进行进一步的分离，分离室传动轴上均匀安装有与主轴有一定倾斜度（倾斜角为 0°～30°）的刮板 4～8 块，在分离过程中，果汁经细滤板（筛板孔径 0.3～0.7 mm）滤出，从出汁口进入果汁收集槽中，果茸则从分离室尾部出口排出，果茸的干湿度可由刮板的倾斜度和分离室的长度来控制。

⑤ 果汁的杀菌、包装及储藏　果汁经粗滤后，用 105～115 ℃、1.0～1.5 min 的条件进行瞬时灭菌，然后快速冷却至 40 ℃以下，用无菌袋无菌包装后，置于－2～4 ℃环境下冷藏。

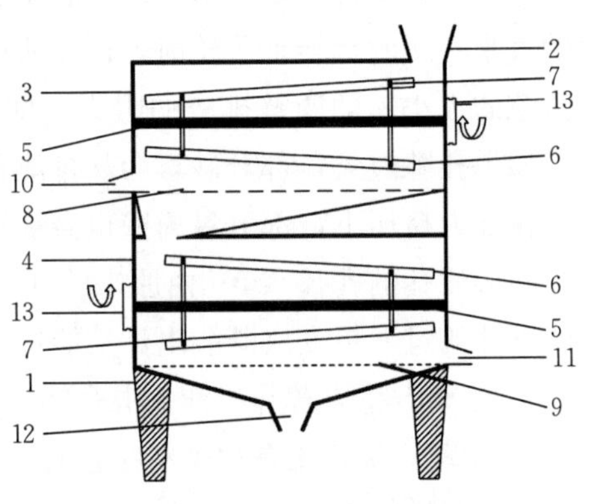

图 3－18　双道打浆机结构

1. 机架　2. 进料口　3. 一道分离室　4. 二道分离室　5. 传动轴　6. 刮板　7. 刮板倾斜度调节螺丝　8. 粗滤板　9. 细滤板　10. 囊衣出口　11. 果茸出口　12. 果汁出口　13. 动力轮

⑥ 果茸的包装储藏　果茸经速冻包装后，置于－18 ℃环境下冷冻储存。

⑦ 产品用途　剥出的果皮用于精油、果胶与类黄酮的提取原料，分离出的粗囊衣用于果胶与类黄酮的提取原料。

3. 柑橘带皮压榨法与剥皮压榨法优缺点比较　目前，我国的紧皮柑橘制汁技术与设备主要从美国、意大利和日本等国引进，采用 FMC、安迪森等柑橘汁压榨机，所用的工艺是整果或半果带皮式压榨。

带皮压榨法工艺有吞吐量大、出汁率高、节省劳力等特点，但也存在以下

几个明显的缺陷。

（1）采用带皮压榨法生产工艺，虽然近年来国外压榨机已经经过多次技术提升，但带皮压榨工艺不可能完全解决果汁中混杂有果皮精油的问题，果皮精油中的成分（d-柠烯、柠檬苦素、柚皮苷等）会使果汁带有苦味及辛辣味，使果汁风味不纯正。

（2）带皮压榨工艺，榨渣中果皮与果肉粘连在一起，果皮提取果胶时，由于皮渣中含有多量的糖分与果肉碎屑，造成漂洗及过滤工艺障碍，影响果胶液的过滤效果及果胶的成品质量。

（3）剥皮后的果肉采用捅芯与双道分离技术，有效去除了柑橘的果芯、瘪籽与囊衣，制得的柑橘果茸柔软洁净，是生产带果肉饮料、果酱及糕点馅料的优质原料。

（4）剥皮法可实现果汁与果茸联产，使原来的果渣变废为宝，大大增加了柑橘果实的加工利用率，提高了产品附加值。同时减少了废料排放，实现了洁净化加工，减少了环境污染，是今后柑橘果汁加工的发展方向。

4. 柑橘果茸饮料成品的生产技术

（1）配方

1 000 kg 柑橘果茸饮料成品参考配方

原料	用量
白砂糖	30～50 kg
71°Bx 果葡糖浆	100～120 kg
柑橘原汁	100 kg
柑橘果茸	30 kg
HM 果胶	1～1.5 kg
柠檬酸	1.5～2.5 kg
苹果酸	0.5～0.8 kg
柠檬酸钠	0.5～0.75 kg
维生素 C	0.3～0.5 kg
水溶性β-胡萝卜素	适量
橙汁香精	适量
净化水	定容至 1 000 kg

（2）工艺流程　见图 3-19。

（3）操作要点　按一般柑橘饮料工艺生产，在灌装过程中注意搅拌，防止果茸沉淀，影响产品的一致性。

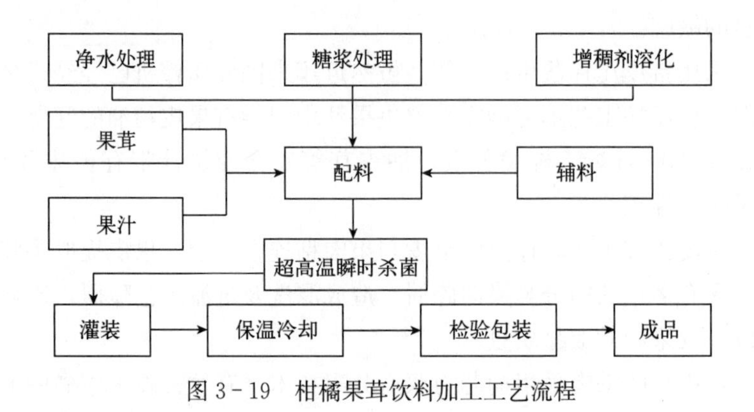

图 3-19 柑橘果茸饮料加工工艺流程

六、复合柑橘饮料

1. 柑橘属混合汁饮料 宽皮柑橘汁与橙汁的混合汁可以改善宽皮柑橘汁的风味。橙汁与葡萄柚汁混合，也可以明显提高果汁风味，改善果汁色泽等指标。

2. 柑橘与其他水果的混合汁饮料 西番莲、番石榴等带有浓香的热带水果与柑橘的混合汁，从果汁风味、营养成分的互补到其感官指标的改善都具有良好的作用，是柑橘复合果汁饮料类产品的一个发展方向。

七、HACCP 技术在 NFC 柑橘原汁生产中的应用

（一）产品描述

1. 产品名称 NFC 柑橘原汁。

2. 产品成分 柑橘汁。

3. 加工方法 以新鲜良好、成熟适度、无腐烂变质、无病虫害的橘子为原料，经原料验收、挑选清洗、去皮、压榨、杀菌冷却、无菌灌装、堆码保温、冷藏等工序制成的聚乙烯-铝箔无菌袋包装的柑橘汁。

4. 产品安全特性 总酸（以柠檬酸计）≥0.3%，无转基因产品及过敏原成分；重金属：总砷（以 As 计）≤0.2 mg/kg，铅（以 Pb 计）≤0.05 mg/kg，铜（以 Cu 计）≤5.0 mg/kg。

5. 微生物 达到商业无菌要求。

6. 包装方式 内包装为聚乙烯-铝箔无菌袋，外包装为瓦楞纸箱。

7. 销售储藏方式 在低温（−2～4 ℃）下储运和销售。

8. 用途 用作直接消费或柑橘饮料的加工原料。

9. 消费对象 消费对象适合普通大众、饮料成品加工厂。消费对象可包括儿童、老年人及抵抗力较弱的群体。

(二)工艺流程

原料接收→水接收→原料清洗→去皮→压榨→均质→标准化→超高温瞬时杀菌→无菌袋接收→灌装→堆码保温→包装接收→冷藏→包装出运。

(三)危害分析

柑橘 NFC 果汁在生产过程中，会受工艺条件如温度、时间等物理因素的影响，加工设备、容器、管道等不符合工艺要求，未按卫生标准操作程序规范操作，包装材料不符合卫生要求或人为因素等，可引起物理因素危害。

柑橘原料农药残留、重金属残留、水源污染、土壤污染、果实霉变而产生的毒素、虫害果、辅助材料的添加等都可能引起化学污染。

柑橘 NFC 果汁在生产过程中，通过各种渠道都有可能混入微生物，清洗消毒不彻底、灭菌温度与时间不适当、包装物料破损等都会造成微生物污染。

根据柑橘 NFC 果汁的工艺流程，与对上述生产过程中的危害进行分析，并确定其关键控制点（CCP），具体见表 3-10。

表 3-10 NFC 柑橘果汁危害分析

加工步骤	潜在危害	潜在危害是否显著	对潜在危害的判断提出依据	防止显著危害的预防措施	是否为关键控制点
1 原料接收	生物危害：致病菌污染	是	原料果表面因土壤、雨水及果实霉烂而受到微生物污染	严格按照原、辅料验收标准进行验收，控制原料果的腐烂率≤5%，所购辅料均来自合格供方，并提供检验报告；后道杀菌冷却工序控制	否
	化学危害：农药残留	是	原料果在种植过程中施用禁用农药或用量及时间不当；其栽培土壤、水源存在重金属污染	原料供应商提供农残或重金属的检测合格报告；超标的农残或重金属在后续工序中无法去除	是
	物理危害：砂石、金属等异物	否	原料果在采收、运输过程中带入	可通过后续洗果工序去除	否

（续）

加工步骤	潜在危害	潜在危害是否显著	对潜在危害的判断提出依据	防止显著危害的预防措施	是否为关键控制点
2 水接收	生物危害：致病菌污染	否	生产用水受微生物污染，在清洗果实时带入	卫生标准操作程序控制	否
	化学危害：游离氯	是	水消毒处理用氯过量，在清洗果实时带入	卫生标准操作程序控制	否
	物理危害：无				
3 原料清洗	生物危害：致病菌污染	否	对果实表面清洗不彻底	卫生标准操作程序控制	否
	化学危害：无				
	物理危害：无				
4 去皮	生物危害：致病菌污染	是	剥皮人员的手消毒不彻底而导致原料果受微生物污染	卫生标准操作程序控制	否
	化学危害：抗生素等	是	去皮、分瓣人员手上伤口涂抹含抗生素的药膏等	卫生标准操作程序控制	否
	物理危害：无				
5 压榨	生物危害：致病菌污染	否	设备清洗不彻底	卫生标准操作程序控制	否
	化学危害：无				
	物理危害：无				
6 均质	生物危害：无				
	化学危害：无				
	物理危害：无				
7 标准化	生物危害：无				
	化学危害：无				
	物理危害：无				
8 超高温瞬时杀菌	生物危害：致病菌污染	是	杀菌时间与杀菌温度控制不当	严格按工艺要求的温度及时间进行灭菌	是
	化学危害：无				
	物理危害：无				
9 无菌袋接收	生物危害：致病菌污染	是	封口不严密，袋体破损或预杀菌不彻底，达不到无菌要求，可能导致产品受致病菌二次污染	控制合格供方，无菌袋每批进厂检验	是
	化学危害：无				
	物理危害：无				

（续）

加工步骤	潜在危害	潜在危害是否显著	对潜在危害的判断提出依据	防止显著危害的预防措施	是否为关键控制点
10 灌装	生物危害：致病菌污染	是	无菌灌装室因消毒不彻底，可能受致病菌污染	严格按灌装机作业指导书进行操作	是
	化学危害：无				
	物理危害：无				
11 堆码保温	生物危害：无				
	化学危害：无				
	物理危害：无				
12 外包装接收	生物危害：无				
	化学危害：无				
	物理危害：无				
13 冷藏	生物危害：无				
	化学危害：无				
	物理危害：	否	温度控制不当，造成产品褐变	严格监控储藏库的温度。每天检查温度表1次	否
14 包装出运	生物危害：无				
	化学危害：无				
	物理危害：无				

根据以上NFC柑橘汁各工序加工过程危害分析可以得出，在NFC柑橘汁生产中作为有效控制和消除危险因素的关键控制点有以下4个。

1. 原料接收 显著危害为原料在生长过程中，果农可能喷洒农药，会导致农药残留；土壤、灌溉用水被污染，造成重金属超标。

2. 超高温杀菌冷却 显著危害为杀菌温度过低或时间不够，杀菌不彻底，可能造成致病菌残留。

3. 无菌袋接收 显著危害为封口不严，袋体破损或预杀菌不彻底，可能导致产品受致病菌二次污染。

4. 灌装 显著危害为灌装室达不到无菌要求或封口结构达不到要求，可能导致产品受致病菌二次污染。

（四）HACCP计划

NFC柑橘原汁生产的HACCP计划见表3-11。

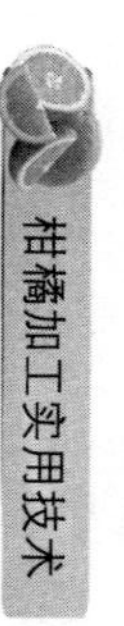

表 3-11　NFC 柑橘原汁生产的 HACCP 计划表

关键控制点	显著危害	预防措施的关键限值	监控				纠偏措施	验证	记录
			内容	方法	频率	对象			
原料接收 CCP1	原料在生长过程中，果农可能喷洒农药，会导致农药残留；土壤、灌溉用水被污染，造成重金属超标	所接收的原料来自农药、重金属普查的安全区域	原料产地证明书	目测	每批原料进行检查	原料收购员	安全区域外原料 a. 拒收 b. 已收原料退货	a. 记录审核 b. 当年农残检测	原辅材料检验记录
超高温瞬时杀菌 CCP3	杀菌不完全，可能造成致病菌残留	杀菌温度为 115 ℃，杀菌时间为 1.5 min	温度 时间	a. 温度计监测温度 b. 自动记录仪记录温度 c. 自动记录仪检测杀菌时间	杀菌时间温度监控	杀菌工	未达到规定要求的半成品 a. 重新杀菌 b. 隔离评估	a. 审核原始记录 b. 商业无菌检验 c. 自动记录仪、温度计、计时器	a. 自动记录仪温度记录单 b. 杀菌冷却记录表 c. 罐头食品商业无菌检验记录
无菌袋接收 CCP3	封口不严密，袋体破损或预杀菌不彻底，达不到无菌要求，可能导致产品受致病菌二次污染	袋体无破损、无泄漏，封口严密	封口 外观	a. 外观目测 b. 封口结构检验 c. 密封试验	每批无菌袋进厂	检验员	检验不合格 a. 拒收 b. 退货	a. 记录审核 b. 商业无菌检验 c. 渗漏试验	a. 无菌袋进厂验收目测及物理检验记录 b. 罐头食品商业无菌检验记录
灌装 CCP4	灌装室杀菌不完全，可能造成致病菌二次污染	a. 蒸汽压力≥0.4 MPa b. 灌装室杀菌温度≥122 ℃ 时间≥30 min c. 灌装室工作温度≥90 ℃	蒸汽压力 温度 时间	a. 温度计测定温度 b. 秒表检测杀菌时间	a. 温度连续监控 b. 灌装室杀菌时间上班前检测 1 次	灌装操作工	未达到规定要求的半成品隔离评估	a. 审核原始记录 b. 商业无菌检验 c. 温度计、秒表	a. 灌装参数记录表 b. 罐头食品商业无菌检验记录

八、柑橘果汁、饮料的质量标准

（一）冷冻浓缩柑橘汁主要指标

表 3－12 是巴西冷冻浓缩橙汁系列产品主要指标。

表 3－12　巴西冷冻浓缩橙汁系列产品主要指标

指标	标准产品	低果浆产品	超低果浆产品
可溶性固形物含量（°Bx）	65.5～66.5	65.5～66.5	65.5～66.5
固酸比	10～20	10～20	10～20
抗坏血酸含量（mg/L）	＞300	＞300	＞300
Na^+ 含量（mg/L）	＜10	＜10	＜10
底部果浆含量（%）	6.0～12.0	＞2.0	＜2.0
色泽（USDA）	36～38	37～38	37～38
缺陷（USDA）	19～20	19～20	19～20
风味（USDA）	37～38	37～38	37～38
黏度（MPa・s）	—	1 000～2 000	400～2 000
精油含量（%）	0.008～0.013	0.008～0.013	0.008～0.013
细菌总数（平板计数）（CFU/g）	＜1 000	＜1 000	＜1 000
酵母总数（CFU/g）	＜100	＜100	＜100
霉菌总数（CFU/g）	＜6	＜6	＜6

（二）NFC 柑橘汁主要指标

表 3－13 是美国佛罗里达州 NFC 橙汁主要指标。

表 3－13　美国佛罗里达州 NFC 橙汁主要指标

指标	早中熟品种	伏令夏橙
可溶性固形物含量（°Bx）	11.0～13.5	11.0～14.0
固酸比	15.0～20.5	13.5～20.5
精油含量（%）	＜0.035	＜0.035
底部果浆含量（%）	＜12	＜12
色泽分（USDA）	＞36	＞37

（续）

指标	早中熟品种	伏令夏橙
风味分（USDA）	>36	>36
缺陷分（USDA）	20	20
感官总分（USDA）	>92	>93
细菌总数（平板计数）（CFU/g）	<1 000	<1 000
酵母总数（CFU/g）	<100	<100
霉菌总数（CFU/g）	<10	<10

（三）柑橘汁饮料的主要指标

表 3-14 是我国 GB/T 21731 规定的橙汁与橙汁饮料的主要指标。

表 3-14　橙汁与橙汁饮料的主要指标

项目		非复原橙汁	复原橙汁	橙汁饮料
感官指标	状态	呈均匀液体，允许有果肉与囊胞沉淀		
	色泽	具有橙汁应有的色泽，允许有轻微褐变		
	滋味与气味	具有橙汁应有的香气及滋味，无异味		
	杂质	无可见外来杂质		
理化指标	可溶性固形物（20℃）（%）	≥10.0	≥11.2	—
	蔗糖（g/kg）	≤50.0		—
	葡萄糖（g/kg）	20.0～35.0		—
	果糖（g/kg）	20.0～35.0		—
	葡萄糖/果糖	≤1.0		—
	果汁含量（g/100g）	100		≥10
卫生指标	总砷（以 As 计）（mg/L）	0.2		
	铅（以 Pb 计）（mg/L）	0.05		
	铜（以 Cu 计）（mg/L）	5		
	二氧化硫残留（SO_2）（mg/L）	50		
	菌落总数（CFU/mL）	100		
	大肠杆菌（MPN/100mL）	3		
	霉菌（CFU/mL）	20		
	酵母（CFU/mL）	20		
	致病菌（沙门氏菌、志贺氏菌、金黄色葡萄球菌）	不得检出		

第四章　柑橘水果茶

一、概况

柑橘水果茶是指将柑橘果实经预处理后切片、去籽，与白砂糖等辅料融合加工而成的一种带柑橘果皮的冲泡类饮品，即传统的柑橘果酱或糖渍柑橘的类似产品。食用时取一定量的原浆，按个人喜好，用水冲泡稀释5～8倍后，即成一种美味的柑橘饮料，也可用于涂抹面包等。代表产品为目前市场上流行的韩国柚子茶。

韩国柚子茶其实就是带香橙果皮的果酱。其加工原料为是韩国的香橙。我国目前也用胡柚等柑橘品种来加工柚子茶。柑橘水果茶按其加工方法不同可分为热加工法与非热加工法2种。

2010年，韩国在第十七届国际食品法典委员会（CAC）亚洲地域调整委员会上就柚子茶的产地规范作了提案，继而又于2011年4月4—9日在北京召开的第43届国际食品法典农药残留委员会年会上要求把香橙的国际名称从以往一贯使用的日本名“YUZU”改为韩国名“YUJA”，获得了会议的同意。韩国业界为了提升柚子茶产业的文化内涵和附加价值用心良苦，这对我国柑橘界颇有启示。

近年来，我国对柑橘水果茶的开发也有很大进展，利用浙江常山胡柚加工的柚子茶，利用柠檬、甜橙及金柑等其他柑橘品种开发的柠檬茶、橙子茶及金柑茶等，在市场销售中都取得良好的反应。特别是利用非热加工法开发的柑橘水果茶，因为保持了柑橘果实的新鲜口感，且维生素C的保存率较高，更加受消费者的热捧。

因为柑橘水果茶是带皮加工产品，如何控制柑橘果皮上的农药残留、建立可控原料基地，同时研究柑橘果皮的脱毒技术，是我国柑橘水果茶今后发展应该注重的课题。

二、熬煮法柑橘水果茶

熬煮法是加工柑橘水果茶的一种传统加工方法。本法利用柑橘果片与白砂糖在热力作用下发生融合，同时添加一些如果胶等的食用胶体，使水果茶酱体黏稠，便于舀食与涂抹。

（一）配方

1 000 kg 柑橘水果茶成品参考配方

原料	用量
柑橘果实	300～500 kg
白砂糖	300～500 kg
蜂蜜	50～100 kg
71°Bx 果葡糖浆	100～120 kg
果胶	3～5 kg
柠檬酸	5～12 kg
苹果酸	3～8 kg
柠檬酸钠	2～4 kg

（二）工艺流程

熬煮法柑橘水果茶加工工艺流程如图 4－1 所示。

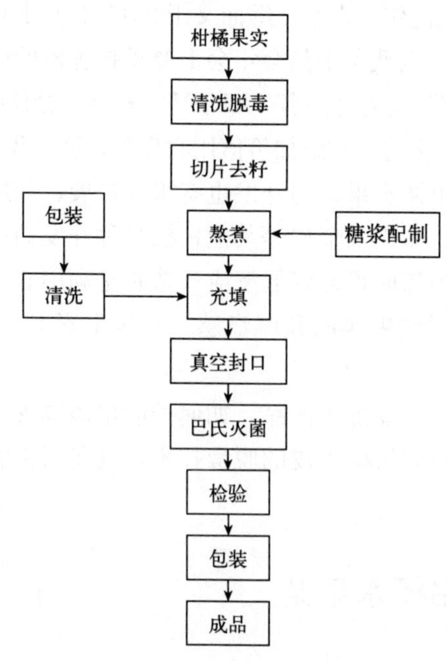

图 4－1　熬煮法柑橘水果茶加工工艺流程

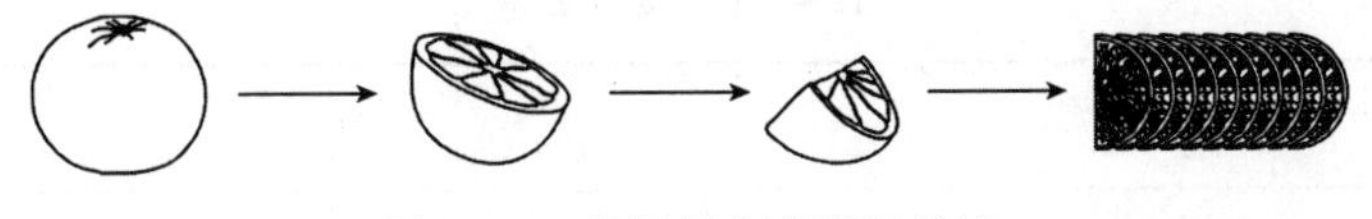

图 4-2　柑橘果实半圆切片法

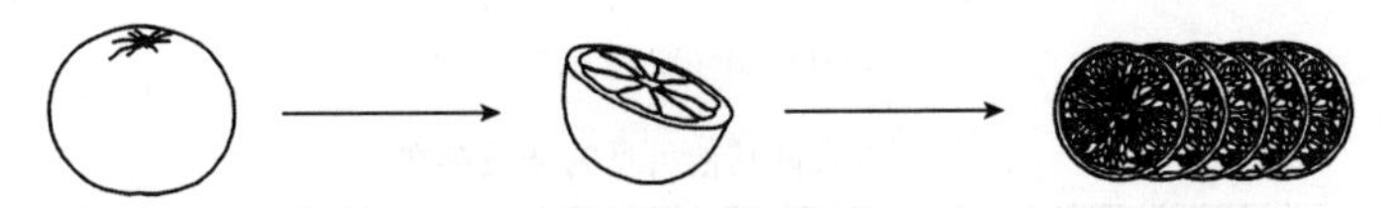

图 4-3　柑橘果实整圆切片法

（三）操作要点

1. 品种选择　果皮香气优雅，果实苦味少的橙类、宽皮柑橘、柠檬及金柑等都可以作为柑橘水果茶的原料，以果皮香气浓、果肉酸度高、无籽品种为最佳。

2. 果实分级与清洗　挑选新鲜、成熟且无病虫害的柑橘果实，在洗果槽内添加适量表面活性剂，并将洗涤液的 pH 调整为 10～12，用高压空气鼓泡翻滚 15 min 以上，以脱除部分农药残留；然后用含 0.2%～0.3%有效氯的水溶液浸泡 3～5 min 进行表面灭菌，最后用清水冲洗干净。

3. 切片　将柑橘果实用切片机切成 1.5～2.5 mm 的薄片（图 4-2、图 4-3），人工用不锈钢镊子剔除柑橘种子。

4. 糖浆配制　将白砂糖、果葡糖浆、蜂蜜按比例配制，过滤杂质后备用。留适量白砂糖作果胶助溶剂。

5. 熬煮　将果胶粉、白砂糖及柠檬酸钠干混后，加少量清水溶解，与柑橘果片及糖浆混合，置于夹层锅内加热熬煮。当可溶性固形物达到 65°Bx 以上时，加入预先溶解好的酸味剂，搅拌均匀。

6. 包装瓶的清洗　包装材料清洗干净，灭菌后待用。

7. 灌装　将酱料趁热灌装，真空封口。

8. 巴氏灭菌　按包装容器的大小，进行 85 ℃水浴灭菌 15～30 min。灭菌后马上冷却至常温。

9. 检验、包装　产品按标准检验合格，包装后即为成品。

（四）质量标准

1. 感官要求　应符合表 4-1 的规定。

表 4-1 感官要求

项目	指标
滋味及气味	具有柑橘水果茶特有的滋味与气味
色泽	具有柑橘种类特有的色泽
形态	均匀黏稠酱状物
杂质	不允许其他可见的杂质存在

2. 理化指标 应符合表 4-2 的规定。

表 4-2 理化指标

项目	指标
可溶性固形物(g/100 g)(20 ℃折光计)	≥65
铅(Pb)(mg/kg)	≤1.0
砷(As)(mg/kg)	≤0.5

3. 微生物指标 应符合罐头食品商业无菌的规定。

4. 食品添加剂 食品添加剂的品种和使用量应符合 GB 2760 的要求。

三、非热加工法柑橘水果茶

热加工法柑橘水果茶，用柑橘果实切片后与白砂糖等辅料混合，经高温熬煮，灌装后进行巴氏灭菌的方法制作而成。用这种方法加工水果茶，柑橘果实中的标志性营养成分维生素 C 等一些热敏性物质，很容易遭到破坏，同时果皮中的某些香气成分大多是一些低沸点的物质，在受热过程中也很容易挥发逃逸，另外柑橘果实在加热过程中还会产生一些类似二甲硫醚的让人感觉不愉快的“煮熟味”或“烂橘子味”，使消费者享受不到柑橘果实的新鲜风味。

非热加工法，提高了柑橘水果茶中维生素 C 等活性物质的保存率，并能保持柑橘水果原有的鲜香味，口感鲜爽，同时制作相对简便。

非热加工法柑橘水果茶成品可溶性固形物含量大于 50%，pH 小于 3.0，结合洁净化加工方法，在不添加防腐剂、非冷藏的情况下，能确保产品的安全保质。该加工方法简单易行，节省能源。

（一）配方

1 000 kg 非热加工柑橘水果茶成品参考配方

原料	用量
带皮柑橘果片	400～450 kg
糖	450～500 kg
蜂蜜	50～100 kg
柠檬酸	2～12 kg
苹果酸	5～8 kg
柠檬酸钠	2～4 kg

（二）工艺流程

非热加工法柑橘水果茶加工工艺流程如图 4－4 所示。

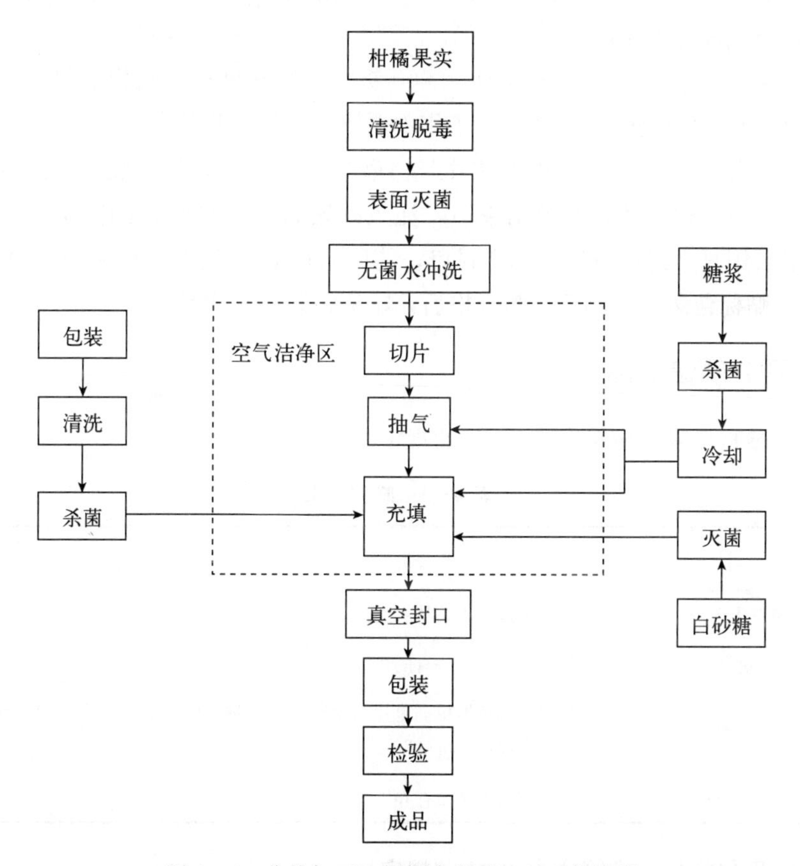

图 4－4　非热加工法柑橘水果茶加工工艺流程

（三）操作要点

1. 白砂糖等的灭菌 称取定量的白砂糖，按配方比例分别加入柠檬酸、苹果酸和柠檬酸钠，搅拌均匀，将混合物用双锥式臭氧粉末动态灭菌器进行灭菌，灭菌条件为臭氧含量为200～250 mg/kg，转速为5～10 r/min，含臭氧空气与物料体积比为（4～5）：1，处理时间为40～60 min，待用。

2. 容器消毒 将玻璃容器清洗干净，用1%～2%食品级双氧水溶液浸泡20～30 min，然后用无菌水冲洗干净，待用；盖子消毒：将盖子内侧朝上，放入装有普通直管热阴极低压汞紫外线消毒灯的消毒箱中，在紫外线辐照强度不得低于70 $\mu W/cm^2$ 条件下，灭菌15 min以上，待用。

3. 果实的选择与清洗 选择新鲜、成熟且无病虫害的柑橘果实，先在超声波水果清洗机中用pH为10.0的碱性溶液浸泡清洗15 min以上，以脱除部分农药残留，然后用1%～2%食品级双氧水溶液浸泡3～5 min进行表面灭菌，再用无菌水冲洗干净。

4. 切片 在空气洁净等级为10 000级的洁净车间内，将柑橘果实用切片机切成1.5～2.5 mm的薄片，人工用不锈钢镊子剔除柑橘种子。

5. 装填 按配方比例将柑橘片与白砂糖进行均匀装填，装填方式为：一层白砂糖一层柑橘片，装填结束后，注入蜂蜜将白砂糖颗粒间隙中的空气排出，最后用真空封口机进行真空封口，使产品真空度达到0.03～0.035 MPa。

6. 贴标包装 产品经检验合格后，贴标包装即为成品。

（四）质量指标

1. 感官要求 应符合表4-3的规定。

表4-3 感官要求

项目	指标
滋味及气味	具有柑橘水果茶特有的滋味与气味
色泽	具有柑橘种类特有的色泽
形态	半圆形或圆形柑橘果片与糖浆的混合物，柑橘果片分布均匀，允许有少量白砂糖析出沉淀
杂质	不允许其他杂质存在

2. 理化指标 应符合表4-4的规定。

表 4-4 理化指标

项目	指标
固形物（g/100 g）	≥45
可溶性固形物（g/100 g）	≥50
总酸（以柠檬酸计）（g/100 g）	≥1.5
pH	≤3.0
铜（Cu）（mg/kg）	≤10
铅（Pb）（mg/kg）	≤1
砷（As）（mg/kg）	≤0.5
二氧化硫残留量（mg/kg）	≤0.35

3. 微生物指标 应符合表 4-5 的规定。

表 4-5 微生物指标

项目	指标
菌落总数（CFU/mL）	≤1 000
大肠菌群（MPN/100 mL）	≤30
霉菌（CFU/mL）	≤50
致病菌（沙门氏菌、志贺氏菌、金黄色葡萄球菌）	不得检出

4. 食品添加剂 食品添加剂的品种和使用量应符合 GB 2760 的要求。

第五章　柑橘果酒

一、概况

中国是卓立世界的文明古国，也是酒的故乡，酒文化的发源地。酒，自有史以来，就是人类联络感情、表情达意、祭嗣庆典、祛病健身的佳品。我国不但拥有悠久的酿酒历史和丰富多彩的酒文化，也拥有品种繁多的酒品种，如白酒、黄酒、果酒、啤酒、药酒等。

改革开放以后，随着国力的提升和人民收入的增加，人们健康饮酒的需求逐渐兴起，高度烈酒的消费开始下降，果酒、啤酒等需求日益增加。其中果酒不仅历史悠久、香味独特，还具有较高的营养价值。据考古发现，在距今7 000～9 000年的河南舞阳贾湖遗址已经出现了用陶器盛放的以稻米、蜂蜜和水果为原料混合发酵的饮料。这意味着早在新石器时代早期，我国就已经开始了果酒的酿制。据《篷栊夜话》中还有关于猿酿酒的记载："黄山多猿猱，春夏采杂花果于石窟中，酝酿成酒，香气溢发，闻数百步……"，据考证，猿酒的形成可追溯至农耕时代前，距今有10 000年以上。

虽然我国果酒历史悠久，但是形成工业化生产较晚，始自于1892年烟台张裕公司的成立，距今仅有100多年的历史。而果酒的快速发展大约在20世纪60年代，较为有名的有辽宁的熊岳苹果酒，四川渠县的红橘酒、广柑酒，万县的橙酒，一面坡三梅酒（紫梅、香梅、金梅），内蒙古牙克石的红豆酒，河北逐鹿野生沙棘酒等。这些产品都以其独具特色赢得市场信誉。随着人民生活水平的提高，餐饮结构的变化，以甜型为主的调配果酒逐渐退出市场，取而代之的是低度化、低糖化和营养化的发酵型果酒。

我国是柑橘生产大国，年产柑橘约3 000万t，以柑橘为原料酿制的柑橘果酒不仅节约粮食，符合"粮食酒向果酒类转变"的发展方针，而且营养丰富，保健功能显著，如柑橘类果实中所含的维生素P具有维持机体渗透压正常和防止血管变脆的功能，既可以满足人们对生活健康的需求，还有利于推动柑橘种植产业发展，市场前景十分广阔。

二、柑橘果酒的分类

柑橘类水果品种多样，橘、柑、橙、柚、枳等风味各异，用来加工柑橘酒的方法也各不相同，按照生产工艺可以将柑橘酒分为发酵酒、蒸馏酒及配制酒（露酒）三大类。其中蒸馏酒主要指柑橘白兰地，它是以柑橘全汁或全果经过发酵或浸泡后蒸馏、陈酿、勾兑而成的，一般酒精度可达40%～45%，属于高度酒。根据《露酒》（GB/T 27588—2011）中的定义，柑橘配制酒（露酒）应该是以蒸馏酒、发酵酒或食用酒精为酒基，加入柑橘果汁或全果进行浸渍、调配、混合或再加工而成的、已改变其原酒基风格的饮料酒，其酒精度为4.0%～60.0%，在《饮料酒分类》（GB/T 15038—2008）中将其归为浸泡型果酒（fruit spirit）。而本章所述的柑橘果酒主要是指以新鲜的柑橘果实或果汁为原料进行全部或部分发酵酿制而成的、含有一定酒精度的发酵酒，即《饮料酒分类》（GB/T 15038—2008）中所述发酵型果酒（fruit wine）。

柑橘果酒，即柑橘发酵酒还可进一步按照含糖量的多少分为干型酒（含糖量≤4.0 g/L）、半干型（含糖量4.0～12.0 g/L）、半甜型（含糖量12.0～45.0 g/L）及甜型（含糖量>45.0 g/L）；或者参照葡萄酒的分类方法，按照发酵型柑橘果酒中二氧化碳含量和加工工艺分为：平静柑橘酒、气泡柑橘酒和特种柑橘酒3种。

三、柑橘果酒的生产工艺

柑橘果酒具有酒精度低、酒质温和，含有类黄酮、类胡萝卜素、维生素C等营养成分的优点，但是柑橘类水果大多含糖量较低，有些酸度较高，不利于酵母的生长，还由于柠檬苦素、柚皮苷等苦味物质的存在而影响口感，因此，市场上商业化的柑橘果酒并不十分普遍。

（一）柑橘果酒生产工艺流程

柑橘果酒生产工艺流程见图5-1。

（二）操作要点

1. 原料挑选　用于加工柑橘果酒的品种一般要求含糖量高、含酸量较低，且为了避免果皮中的精油和苦味物质进入果汁，还应选择比较容易去除果皮的宽皮类柑橘，而柠檬类酸度过高，柚类苦味明显，橙类不易去皮，给柑橘果酒的加工带

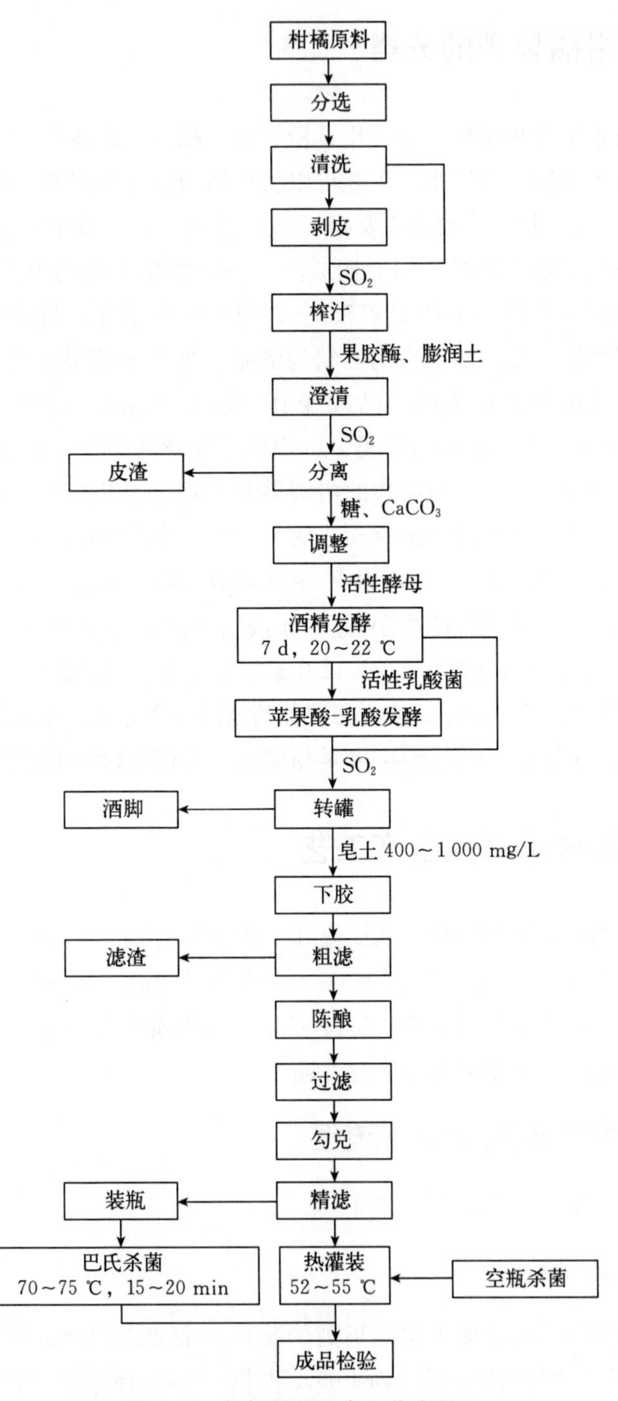

图 5-1 柑橘果酒生产工艺流程

来了一定的难度。用于酿制果酒的柑橘还应充分成熟并且要求果实风味浓郁。

2. 添加二氧化硫　在发酵前添加二氧化硫（SO_2）可以对柑橘发酵液起到选择杀菌、加速澄清、抗氧化和增酸的作用。SO_2 是一种杀菌剂，它能够控制各种发酵微生物的活动（繁殖、呼吸、发酵）。在纯水中，50 mg/L 的 SO_2 即可杀死酵母菌，但在柑橘发酵基质中 SO_2 的浓度必须达到 1 200～1 500 mg/L 才能取得相同的效果。这是因为在柑橘果酒的发酵基质中加入的 SO_2 存在游离态和结合态两种形式，只有游离态的 SO_2 具有杀菌活性，且随着发酵基质 pH 的下降，杀菌能力增强。

SO_2 添加剂有固态、液态和气态 3 种，最常用的是固态偏重亚硫酸钾（$K_2S_2O_5$），其理论 SO_2 含量为 57%，一般使用过程中按照 50%计算。如使用时先将 $K_2S_2O_5$ 用水溶解制备成 12%的溶液，其中 SO_2 的含量记为 6%。

添加 SO_2 应在发酵启动以前，最好在柑橘破碎取汁以后立即进行，切忌在破碎的同时添加 SO_2，避免其挥发和被固体皮渣吸附而降低游离 SO_2 含量。

SO_2 的用量取决于发酵基质的含糖量、pH、温度以及原料微生物状况等很多因素，一般含糖量越高、pH 越高、温度越高、原料霉变越严重，则在发酵基质中加入的 SO_2 量也越高。对于成熟度适中、无霉烂果且酸度较高的柑橘原料而言，通常 SO_2 用量为 30～50 mg/L，若有柑橘原料含糖量较高、含酸低可增加 SO_2 用量至 80 mg/L，如果原料霉变严重还可适当提高 SO_2 的用量，但一般不应超过 100 mg/L。

3. 酶解　果胶酶可以分解果胶质使之成为半乳糖醛酸和果胶酸，同时使柑橘汁黏度下降，出汁率提高，还有利于果酒的澄清，能增强澄清效果和加快过滤速度，且避免在发酵过程中产生异味。但果胶在果胶甲酯酶作用下，果胶分子主链上甲氧基降解出有害物质甲醇，果胶酸物质受热也会分解产生甲醇。在柑橘果酒发酵过程中，果胶是甲醇的一个重要来源。甲醇是果酒发酵产生的有毒副产物，其对人体血管有麻痹作用，含量过高会引起慢性中毒，甚至导致失明。《葡萄酒、果酒通用分析方法》（GB/T 15038—2006）中规定半干葡萄酒中甲醇含量≤150 mg/L。综合考虑果胶酶对果汁的澄清作用，根据不同温度、pH 及酶的活性等因素，在使用前应通过试验确定合理的果胶酶添加量，并利用发酵前酶解时间结合原料热处理或者添加适量钙盐与果胶结合从而达到有效降低甲醇含量的目的。

4. 调糖降酸　柑橘果实由于气候条件、栽培技术及采收期成熟度等差异，压榨所得柑橘汁的糖、酸等含量也不可能完全相同，因此，在发酵前要先对柑橘汁进行分析，按照预定理化指标进行糖分和酸度的调整。

以每 1.7 g 糖可以生成 1%的酒精计算，按照预定的酒精度进行添加。如果柑橘汁中的含糖量较低，不足以生成预定的酒精含量，则必须通过添加蔗糖或浓缩汁等方法提高糖度，这样发酵完成后才能达到要求的酒度。对于原料糖度较低（≤10°Bx）而目标糖度较高（≥20°Bx）的柑橘汁，应在发酵启动以后分批添加蔗糖，并避免因含糖量太高造成发酵困难。

葡萄酒在发酵前一般不需要降酸，发酵完成后如果酸度过高还可以通过苹果酸-乳酸发酵或低温酒石酸结晶析出等方法降酸。但柑橘果汁酸度较高且主要有机酸为柠檬酸，苹果酸和酒石酸含量较低，所以一般需要化学降酸后才能顺利进行发酵。常用的降酸剂有 $CaCO_3$、$NaCO_3$ 等，降酸后柑橘汁的酸度一般为 5～8 g/L、pH 在 3.5 左右。

5. 接种发酵 活性干酵母在果汁中的接种量一般为 0.1～0.2 g/L，使用时将活性干酵母加入 20 倍（质量比）5%的蔗糖溶液中，待其充分溶解后，在 35～40 ℃条件下保温活化 30 min，然后投入发酵罐中搅拌均匀。如果柑橘汁温度过低，温度变化幅度过大，会导致酵母的大量死亡。因此，应取发酵总量 1/10 左右的柑橘汁加热到 25 ℃，与活化好的酵母液混合保温 30 min 后，再添加到发酵罐中，以确保发酵顺利启动。在 7 d 左右的发酵过程中温度要求控制在 20～22 ℃，发酵初期温度可适当升高，但一定不要超过 28 ℃，因为较低的发酵温度有利于保留柑橘果酒的果香味。

在不同果酒的生产中使用的发酵罐有多种结构形式以满足不同的发酵工艺，但是对发酵罐的基本要求都很相似。柑橘果酒的发酵罐要求能够耐酸性介质腐蚀，因为柑橘果汁中含有柠檬酸、苹果酸等有机酸，在发酵过程中还要加入适量 SO_2，这些对发酵罐有腐蚀作用。18－8 型 Cr－Ni 不锈钢具有良好的耐腐蚀性、抗氧化、易清洗等特点，Cr 还能与 O_2 形成致密的化合物 Cr_2O_3 层，起到表面防护作用。同时还要求壁面平整光滑，避免因壁面粗糙不平而滋生细菌；还要具有良好的传热性，可以将发酵产生的热量发散出去。

因为柑橘果酒的发酵多采用经过酶解的清汁，大部分囊衣碎屑等纤维素和胶质已经通过压滤去除，所以柑橘果酒发酵罐相对于其他含皮渣一起发酵的果酒如红葡萄酒罐而言，要简单得多，整体结构与常用的白葡萄酒发酵罐相似，多为立式圆柱体结构，罐底为 2°～5°的斜底，便于残液流出。一般由罐体、罐底、封头和外加层换热器及发酵必需的进料口、取样口、清汁口和浊汁口等组成，如图 5－2 所示。

6. 转罐陈酿 发酵完成后的柑橘原酒还需要装入储罐进行陈酿，但在这之前应该进行 2 次转罐。转罐，就是将柑橘原酒从一个储罐转至另一个储罐，转罐是柑橘果酒陈酿过程中的一项重要管理措施，直接影响酒的风味和品质。

第一次转罐，因为刚刚完成发酵的柑橘酒体仍然比较浑浊，含有大量悬浮物如果皮、果肉、种子碎屑及酵母等，这些物质由于发酵过程中酵母释放的 CO_2 而悬浮在酒中。可以通过转罐压滤除去发酵液中粗残渣，以防止果酒风味受到影响。

第二次转罐，将第一次转罐后的酒液静置，使酒液中细微杂质在静置条件下逐渐沉淀于罐底，形成酒脚。用虹吸转罐法去除酒脚。

转罐最明显的效果就是使酒脚与原酒分离，酒体趋于澄清，同时也避免了酒渣等杂质带来的腐败味、还原味等不愉快气味。而且酒脚中还含有一些色素、蛋白质或铁、铜等沉淀，转罐使之分离也可以防止它们在温度升高的条件下重新溶解进去。转罐还为原酒的陈酿提供了与空气接触的机会，适当的溶氧量不但有利于柑橘果酒的陈化，也有利于饱和 CO_2 的挥发。转罐方式分为封闭式转罐和开放式转罐两种，对于容易氧化破败的或已经陈化良好柑橘原酒，应该使用封闭式转罐，减少与氧气的接触和挥发性物质的释放。而对于刚刚结束发酵的生酒则适宜开放式转罐，这样有利于酵母重新活动，继续转化剩余的残糖，同时可以去除过量的 SO_2 和饱和的 CO_2 等。

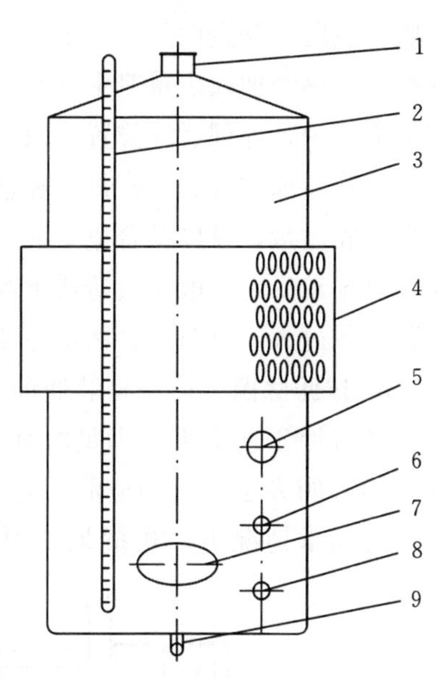

图 5－2　柑橘果酒（清汁）发酵罐

1. 进料口　2. 液位计　3. 罐体　4. 冷却夹套　5. 温度计　6. 取样口　7. 进料孔　8. 清汁口　9. 浊汁口

陈酿是柑橘加工过程中的重要一环，陈酿的主要作用使酒精与水分子产生水合反应以及酒精与有机酸产生酯化反应，去除“生酒味”从而使酒的口感趋于柔和。同时酒精发酵过程的副产物如少量甘油、醋酸、醛类及杂醇类也会在陈酿过程中发生反应，使酒体丰满。

陈酿过程中要注意储罐内酒液的减少，当液面明显下降造成空隙以后，必须及时添罐补满，避免由于空隙中存在的空气造成柑橘酒的氧化、破败，减少柑橘酒与空气的接触。需要注意的是，添罐所用的酒应当是优质的、且经过澄清的柑橘果酒，切忌“新酒添老酒”。

7. 下胶澄清　下胶就是在柑橘酒中加入亲水胶体，使之与柑橘酒中的胶体物质、单宁、蛋白质、某些色素等发生絮凝反应，并将这些物质除去，使酒液澄清、稳定。下胶物质可以为蛋白质，如明胶、酪蛋白等。在柑橘果酒中，下胶物质可以形成带正电荷的大胶体分子团，必须使其脱去分散剂（如脱水）或失去电荷以后才会发生凝结。常用的下胶剂有皂土（又称膨润土）、明胶、鱼胶、蛋白、酪蛋白等。皂土的用量一般为400～1 000 mg/L，在使用时，应先将皂土逐渐加入少量热水（约50 ℃）中，并搅拌使之呈奶状，然后再加入柑橘果酒中，处理后应静置一段时间，然后分离、过滤。由于柑橘果酒中并不像红葡萄酒那样含有丰富丹宁和色素类物质，所以并不利于明胶的沉淀，为了避免下胶过量，可以结合皂土混合使用或添加一定量的单宁。鱼胶的沉淀作用所需丹宁较少，一般不会造成下胶过量，但价格较贵，而且下沉速度慢会造成酒脚体积过大，有时还会堵塞过滤机。

8. 过滤除菌 过滤是装瓶前的整个澄清过程的一部分，但是到目前为止单一的过滤工艺都无法满足所有的澄清需要。除了上面提到的下胶，还可以通过离心的方法进行预澄清，它可以很好地部分替代过滤工序并降低过滤难度。在通常情况下，柑橘果酒要经过硅藻土过滤机（图5-3）进行过滤，

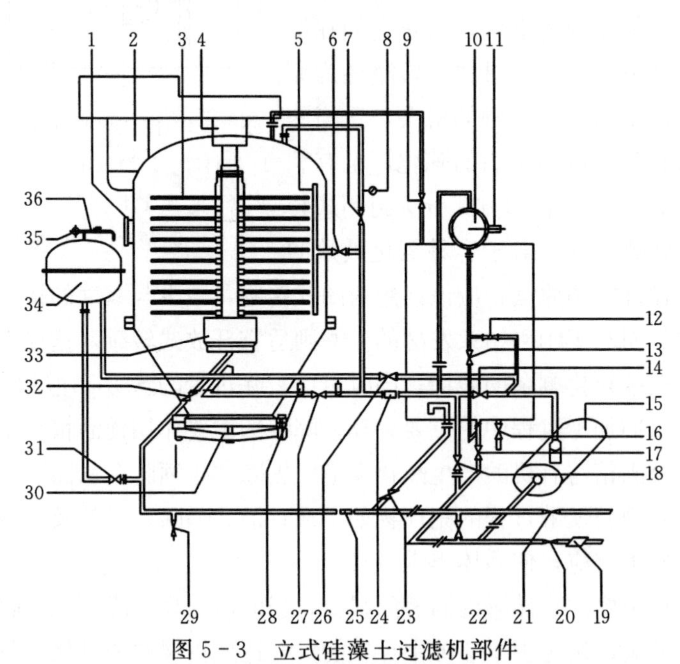

图5-3 立式硅藻土过滤机部件

1. 罐体圆视镜 2. 清洗电机 3. 过滤盘 4. 上部转动密封组件 5. 冲洗集流管道 6. 冲洗集流管道阀 7. 进酒阀 8. 压力表 9. 过滤室排气阀 10. 藻土泵 11. 手动调整转轮 12. 藻土泵预洗阀 13. 预涂吸入阀 14. 主泵传送调节阀 15. 过滤器主输送泵 16. 混合罐排泄阀 17. 混合罐截断阀 18. 过滤室内残液吸收阀 19. 主输送泵入料口预过滤器 20. 过滤机进口阀 21. 旁通阀 22. 过滤机出口阀 23. 混合罐循环阀 24. 藻土喷射视镜 25. 过滤视镜 26. 残液过滤器加料阀 27. 过滤器入料填充阀 28. 安全阀 29. 取样阀 30. 藻土饼排除口 31. 过滤残液出口阀 32. 过滤出口截断阀 33. 下部转动密封组件 34. 残液过滤器 35. 残液过滤器压力表 36. 残液过滤器排气阀

以达到酒窖储存所需的澄清度，然后在通过纸板过滤机，最后在装瓶前通过孔径为 0.45 μm 的膜过滤除去酵母和其他细菌，既可以达到澄清的目的，又可以除菌。有关过滤工艺的指导方针是过滤次数越少越好。因为每次过滤都要增加成本，同时还会导致酒的品质下降。过滤之前酒液通过转罐、下胶和离心等澄清处理，可以大大降低过滤负担，这样可以节省时间和成本。

9. 灌装杀菌 果酒的灌装分为冷灌装和热灌装 2 种。冷灌装即无菌灌装，通过无菌过滤和事先对灌装设备、空瓶及酒塞进行消毒来实现。这种工艺对柑橘果酒来说避免了加热产生煮熟味或后苦味的风险，最大限度保证了酒的果香和品质，但是冷灌装要求的专业化程度高、成本高，需要相应的设备条件和有效的品质控制。

在生产中通常在热灌装的同时对酒和酒瓶进行消毒，不用进行除菌过滤和微生物检测实验。在热灌装时可以先将柑橘果酒在热交换器中加热到 52～55 ℃，然后在这个温度下灌装，封盖，反转酒瓶利用余热对酒瓶和酒盖一并消毒。也可以在凉爽温度下先灌装，然后再对酒瓶和瓶中酒进行巴氏消毒。

四、HACCP 技术在柑橘果酒生产中的应用

柑橘果酒的质量受原料种类、生产工艺及环境条件的影响很大，实际生产中需要有一套逐步完善的质量控制系统，才能使柑橘果酒的生产安全可控。本节运用 HACCP 原理对柑橘果酒生产过程中的潜在危险因素进行分析，制定 HACCP 质量控制表，确保柑橘果酒的质量。

（一）产品描述

1. 产品名称 柑橘果酒。

2. 产品成分 水、乙醇等。

3. 加工方法 以新鲜良好、成熟适度、无腐烂变质、无病虫害的柑橘为原料，经酒精发酵工艺加工而成。

4. 产品安全特性 酒精含量≥7.0%，总酸（以柠檬酸计）4.0～8.0 g/L，挥发酸（以乙酸计）≤1.0 g/L，无转基因产品及过敏原成分；游离二氧化硫≤50 mg/L，总二氧化硫≤250 mg/L。

5. 包装方式 内包装为玻璃瓶，外包装为瓦楞纸箱。

6. 销售储藏方式 在常温下销售和储藏。

7. 用途 佐餐或直接饮用。

8. 消费者 消费对象适合普通大众，不适宜未成年人。

（二）工艺流程

原、辅料验收→选果→清洗→剥皮→榨汁→加硫→酶解→压滤→调整→酒精发酵→转罐→下胶→粗滤→陈酿→过滤→勾兑→精滤→灌装→杀菌→成品检验。

（三）危害分析

根据柑橘果酒的加工工艺流程和对生产过程中可能存在的危害进行分析，并确定其关键控制点（CCP），具体见表5-1。

表5-1 柑橘果酒生产过程危害分析表

加工步骤	潜在危害	潜在危害是否显著	对潜在危害的判断提出依据	防止显著危害的预防措施	是否为关键控制点
1 原、辅料验收	生物危害：细菌、致病菌	是	原料果表面因霉烂而受到霉菌、致病菌污染；白砂糖、果胶酶等辅料在生产及运输过程中受微生物污染	严格按照原、辅料验收标准进行验收，控制原料果的腐烂率≤5%，所购辅料均来自合格供方，并提供检验报告；可通过后续加硫工序抑制微生物的生长与繁殖	是
	化学危害：农药残留、重金属	是	原料果在种植过程中施用禁用农药或用量不当，其栽培土壤、水源存在重金属污染；白砂糖、果胶酶等辅料在生产过程中受重金属污染	原、辅料供应商提供农残或重金属的检测合格报告；超标的农残或重金属在后续工序中无法去除	是
	物理危害：砂石、金属等异物	否	原料果在采收、运输过程中带入	可通过后续选果工序去除	否
2 选果	生物危害：细菌、致病菌	是	原料果中有受到霉菌、致病菌污染的霉烂果混入	可通过后续加硫工序抑制微生物的生长与繁殖	否
	化学危害：无				
	物理危害：无				

（续）

加工步骤	潜在危害	潜在危害是否显著	对潜在危害的判断提出依据	防止显著危害的预防措施	是否为关键控制点
3 清洗	生物危害：细菌、致病菌	是	生产用水受细菌、致病菌等微生物污染	按照卫生标准操作程序规范进行水的处理，可通过后续加硫工序抑制微生物的生长与繁殖	否
	化学危害：无				
	物理危害：泥沙等异物	否	原料果表面混有泥沙等杂质	可通过后续剥皮工序去除	否
4 剥皮	生物危害：细菌、致病菌	是	剥皮人员的手消毒不彻底而导致原料果受微生物污染	按照卫生标准操作程序规范进行手的消毒，可通过后续加硫工序抑制微生物的生长与繁殖	否
	化学危害：无				
	物理危害：毛发、饰品等异物	否	剥皮人员在操作过程中带入	可通过后续过滤工序去除	否
5 榨汁	生物危害：细菌、致病菌	是	压榨设备清洗不彻底	按照卫生标准操作程序规范进行压榨设备的清洗，可通过后续加硫工序抑制微生物的生长与繁殖	否
	化学危害：无				
	物理危害：无				
6 加硫	生物危害：细菌、致病菌	是	加硫工具消毒不彻底，生产用水受细菌、致病菌等微生物污染	按照卫生标准操作程序规范进行加硫工具的消毒和水的处理，可通过后续加硫工序抑制微生物的生长与繁殖	否
	化学危害：SO_2	是	SO_2 用量不当	严格控制 SO_2 添加量≤100 mg/L	是
	物理危害：毛发、饰品等异物	否	加硫人员在操作过程中带入	可通过后续过滤工序去除	否

（续）

加工步骤	潜在危害	潜在危害是否显著	对潜在危害的判断提出依据	防止显著危害的预防措施	是否为关键控制点
7 酶解	生物危害：细菌、致病菌	是	酶解容器清洗不彻底，生产用水受细菌、致病菌等微生物污染	按照卫生标准操作程序规范进行酶解容器的清洗和水的处理，可通过后续加硫工序抑制微生物的生长与繁殖	否
	化学危害：无				
	物理危害：毛发、饰品等异物	否	加酶人员在操作过程中带入	可通过后续过滤工序去除	否
8 压滤	生物危害：细菌、致病菌	是	压滤设备清洗不彻底	按照卫生标准操作程序规范进行压滤设备的清洗，可通过后续加硫工序抑制微生物的生长与繁殖	否
	化学危害：无				
	物理的：无				
9 调整	生物危害：细菌、致病菌	是	调配容器清洗不彻底	按照卫生标准操作程序规范进行调配容器的清洗，可通过后续加硫工序抑制微生物的生长与繁殖	否
	化学危害：无				
	物理危害：碎玻璃片、包装袋线头等异物	否	称重人员在操作过程中带入	可通过后续过滤工序去除	否
10 发酵	生物危害：杂菌污染	是	发酵容器清洗不彻底，发酵温度过高造成杂菌生长，生产用水受细菌、致病菌等微生物污染	按照卫生标准操作程序规范进行发酵容器的清洗和水的处理，严格控制发酵温度，醋酸菌、乳酸细菌等杂菌发酵产生的有害物质在后续工序中无法去除	是

（续）

加工步骤	潜在危害	潜在危害是否显著	对潜在危害的判断提出依据	防止显著危害的预防措施	是否为关键控制点
10 发酵	化学危害：无				
	物理危害：果蝇、苍蝇等蚊虫	否	环境中蚊虫在发酵过程中混入	控制发酵环境的卫生状况，可通过后续过滤工序去除	否
11 转罐	生物危害：杂菌污染	是	转罐容器清洗不彻底	按照卫生标准操作程序规范进行转罐容器的清洗，可通过后续杀菌工序去除	否
	化学危害：无				
	物理危害：无				
12 下胶	生物危害：细菌、致病菌	是	下胶容器清洗不彻底	按照卫生标准操作程序规范进行下胶容器的清洗，可通过后续杀菌工序去除	否
	化学危害：下胶剂过量	否	下胶剂用量不当	可通过后续澄清工序去除	否
	物理危害：异物	否	下胶人员在操作过程中带入	可通过后续过滤工序去除	否
13 粗滤	生物危害：细菌、致病菌	是	过滤设备清洗不彻底	按照卫生标准操作程序规范进行过滤设备的清洗，可通过后续杀菌工序去除	否
	化学危害：无				
	物理危害：无				
14 陈酿	生物危害：杂菌污染	是	溶氧量过高，陈酿温度过高，陈酿设备清洗不彻底	定期检查设备密封情况并即时添罐，控制品温≤20 ℃，按照卫生标准操作程序规范进行陈酿设备的清洗，醋酸菌、乳酸菌等杂菌在陈酿过程发酵产生的有害及不良风味物质在后续工序中无法去除	是

（续）

加工步骤	潜在危害	潜在危害是否显著	对潜在危害的判断提出依据	防止显著危害的预防措施	是否为关键控制点
14 陈酿	化学危害：无				
	物理危害：无				
15 过滤	生物危害：细菌、致病菌	是	过滤设备清洗不彻底	按照卫生标准操作程序规范进行过滤设备的清洗，可通过后续杀菌工序去除	否
	化学危害：无				
	物理危害：无				
16 勾兑	生物危害：细菌、致病菌	是	勾兑用酒受醋酸菌、乳酸菌等污染，容器设备清洗不彻底	勾兑用酒必须是微生物稳定的优质酒，按照卫生标准操作程序规范进行容器设备的清洗，可通过后续杀菌工序去除	否
	化学危害：无				
	物理危害：异物	是	勾兑用酒未达到澄清	勾兑用酒必须是澄清的优质酒，可通过后续精滤工序去除	否
17 精滤	生物危害：细菌、致病菌	是	过滤设备清洗不彻底	按照卫生标准操作程序规范进行过滤设备的清洗，可通过后续杀菌工序去除	否
	化学危害：无				
	物理危害：无				
18 灌装	生物危害：细菌、致病菌	是	瓶子杀菌不彻底，瓶、盖密封不严导致空气、杂菌进入而变质	按照卫生标准操作程序规范进行空瓶消毒，可通过后续杀菌工序去除；瓶、盖均来自合格供方，并提供检验报告	否

（续）

加工步骤	潜在危害	潜在危害是否显著	对潜在危害的判断提出依据	防止显著危害的预防措施	是否为关键控制点
18 灌装	化学危害：无				
	物理危害：碎玻璃、木塞屑等异物	是	瓶子清洗不彻底	按照卫生标准操作程序规范进行空瓶清洗，可通过后续灯检工序去除	否
19 杀菌	生物危害：细菌、致病菌	是	杀菌温度、时间不符合要求	严格按照杀菌要求进行操作（70～75 ℃，15～20 min）	是
	化学危害：无				
	物理危害：无				

（四）关键控制点

根据对柑橘果酒生产过程中可能存在的危害环节进行分析，建立了以下关键控制点。

1. 原、辅料验收　柑橘原料果在种植过程中因种植者使用违禁农药或者用量超标，极易导致柑橘原料农药残留超标，且在后续的柑橘果酒生产操作中无法消除该危害，将造成最终产品中农药残留超标。柑橘原料果在种植过程中因环境中（如土壤、水源等）的重金属污染，极易导致柑橘原料果重金属超标，且在后续的柑橘果酒生产操作中无法消除该危害，并造成最终产品中重金属超标。因此，所收购的柑橘原料果应该具有农药残留及重金属检测报告，否则不予收购。柑橘原料果在采摘、储藏和运输过程中可能因机械损伤而产生霉烂，霉烂果中曲霉素等含量异常升高，将对最终产品造成危害。故此，所收购的柑橘原料果应该控制其腐烂率≤5%，对每批次原料均需进行腐烂率抽检，对有包装的水果原料（以件、箱或袋为单位）及散装水果原料（以 kg 为单位）分别按表 5-2 或表 5-3 进行随机取样。

表 5-2　包装水果原料抽检取样件数

批量水果原料同类包装件数	抽样总件数（件、箱或袋）
≤100	5

（续）

批量水果原料同类包装件数	抽样总件数（件、箱或袋）
101～300	7
301～500	9
501～1 000	10
>1 000	15（最低限度）

表 5-3　散装水果原料抽检取样量

批量货物的总量（kg）	抽样总量（kg）
≤200	10
201～500	20
501～1 000	30
1 001～5 000	60
>5 000	100（最低限度）

在柑橘果酒生产中所添加使用的辅料也有可能在生产、储藏和运输过程中受到致病菌的污染，所以进厂的各种辅料必须经过严格检验，并由供应商提供检验合格证书等。

2. 加硫（SO_2）　柑橘果酒发酵之前的果汁杀菌可以采用添加偏重亚硫酸钾，分解产生的 SO_2 不仅可以加速胶质凝聚，使果汁澄清，而且能够抑制甚至杀灭多种微生物。但是添加过量的 SO_2 会造成发酵困难，还会导致最终柑橘果酒中 SO_2 含量超标。故此，SO_2 的使用必须根据原料的卫生状况和发酵工艺制定限量，当 SO_2 的使用量达到 200～300 mg/L 时，酵母菌也会被杀死；如果要酒精发酵完成以后还需进行苹果酸-乳酸发酵，则 SO_2 的使用量不应超过 60 mg/L。

3. 发酵　柑橘果酒在发酵期间如果密封不严，会造成好氧性细菌的侵染，引起发酵不正常，造成最终残糖、挥发酸含量高，并产生大量异味物质，如对人体有害的 H_2S 等。

4. 陈酿　陈酿期间可能会发生有害微生物滋生或酒氧化，产生高含量挥发酸，使酒质变酸、变坏。定期添桶、换桶，并检测挥发性酸的含量，当挥发酸含量>0.6 g/L，应及时进行 SO_2 处理。

5. 杀菌　柑橘果酒的酒精度一般在10%（v/v）左右，如果不经过巴氏杀菌则有可能在保存过程中受到醋酸菌、乳酸菌等细菌污染而酸败、变质。所以必须严格控制杀菌温度和时间。

（五）HACCP 工作计划

根据上述确定的柑橘果酒生产过程中的5个关键控制点（CCP），编写出柑橘果酒生产的HACCP计划工作，制定了各关键控制点的控制限值，以保障发生偏差时可以及时采取相应的纠偏措施，详见表5-4。

五、柑橘果酒醋酸菌危害及其防治

在柑橘果酒酿造过程中，不同种类微生物的代谢活动最终都会在柑橘果酒的质量中反映出来。这些微生物主要包括酵母菌、霉菌、乳酸菌以及醋酸菌等。醋酸菌是指能够生成醋酸的一类细菌的统称。在生产过程中，能够分解酒精生成醋酸，使柑橘果酒中的挥发酸含量升高从而败坏酒质。生产中发现，醋酸菌在柑橘果酒的储藏过程中，能够在半厌氧和厌氧条件下生存，其危害也不单是生成醋酸，同时还能代谢柑橘果酒中的碳水化合物，甘油、糖醇类物质和有机酸等其他成分。另外，柑橘果实表面上生长的天然醋酸菌能够改变柑橘汁的组成，影响酒精发酵过程中酵母菌和苹果酸-乳酸发酵过程中乳酸菌的生长。因此，充分认识醋酸菌的微生物特征，及影响醋酸菌生存和生长的柑橘果酒环境及代谢规律等问题，对于预防柑橘果酒醋酸菌病害具有十分重要的意义。

（一）影响醋酸菌生存和生长的环境因素

1. pH 醋酸菌的最适生长pH在5.0～6.5，而在柑橘果酒环境中，醋酸菌往往能在pH 3.0～4.0条件下生存和生长，但随着pH的降低，醋酸菌的生长能力随之下降。pH能够改变醋酸菌的代谢行为，不同的pH条件下，醋酸菌对葡萄糖、乳酸和酒精的代谢情况不同。

2. 温度 醋酸菌的最适生长温度在30～35 ℃，但它也能在10 ℃时微弱生长，因此，较低的储酒温度并不能阻止醋酸菌的生长。而且在柑橘果酒酿造过程中通常的SO_2使用量不足以抑制醋酸菌的生长，因此，只能用添加SO_2的方法来抑制醋酸菌的活动，其用量应为100 mg/L。

3. 酒精 醋酸菌最显著的特征是能够氧化酒精生成醋酸，在柑橘果酒酿造中，由于酒精变为醋而使酒质败坏。经研究发现，约有42%的氧化葡萄糖杆菌能够生长在5%（*v*/*v*）酒精的培养基中，在10%（*v*/*v*）酒精的培养基中绝大多数醋化醋杆菌不能生长，约有20%的巴氏醋杆菌可以生长在10%（*v*/*v*）酒精的培养基。但有些醋酸菌可以耐受10%～15%（*v*/*v*）的酒精度。

表 5-4　柑橘果酒生产的 HACCP 计划工作

关键控制点	显著危害	预防措施的关键限值	监控				纠偏措施	验证	记录
			内容	方法	频率	对象			
原、辅料验收CCP_1	原、辅料可能受农药残留或重金属超标等影响	农药残留、重金属检测合格证书	原、辅料检测报告	目测	每批	原料收购人员	无检测合格证书 a. 拒收 b. 退货	a. 记录审核 b. 农药残留等送外检	原、辅料检验记录
加硫 CCP_2	SO_2 含量超标	总 SO_2 含量≤250 mg/L	SO_2 添加量	检测	每批	检验人员	SO_2 含量超标 a. 重新计算 SO_2 添加量 b. 及时补加新的柑橘果汁	a. 记录审核 b. SO_2 含量检测	a. SO_2 添加记录 b. SO_2 测定记录
发酵 CCP_3	异常发酵	发酵温度 20～22 ℃，挥发酸含量<0.6 g/L	发酵温度	目测	每批	发酵人员	发酵温度或挥发酸含量过高 a. 及时换热降温 b. 补加酵母 c. 开放式倒罐 d. 添加 SO_2 终止发酵	a. 记录审核 b. 挥发酸含量检测	a. 发酵温度记录 b. 挥发酸含量检测记录
陈酿 CCP_4	杂菌污染	陈酿温度<20 ℃，挥发酸含量<0.6 g/L	陈酿温度	目测	每班	发酵人员	陈酿温度或挥发酸含量过高 a. 及时降温 b. 严格清洗陈酿容器 c. 及时添罐补满	a. 记录审核 b. 挥发酸含量检测	a. 陈酿温度记录 b. 陈酿容器清洗记录 c. 添罐记录
杀菌 CCP_5	致病菌残留	70～75 ℃，15～20 min	杀菌温度和杀菌时间	目测	每批	杀菌人员	杀菌温度或时间未达标 a. 重新杀菌 b. 隔离评估	a. 记录审核 b. 衡器检定	a. 杀菌温度记录 b. 杀菌时间记录

4. O_2 醋酸菌是一类专性好氧微生物，在进行呼吸代谢时，O_2 作为传递链的终端受体，当柑橘果酒暴露在空气中时，很快在酒体表面结成一层醋酸菌膜，逐渐加厚沉入酒中，产生很强的挥发酸，为果酒的第一大病害。在对柑橘果酒进行短暂泵送或转罐时，酒中的醋酸菌菌体数量也有机会显著增加。

（二）醋酸菌的代谢与生长

在柑橘果酒的环境中，醋酸菌能够代谢酒中的碳水化合物、醇类、有机酸等成分，了解醋酸菌的代谢和生长规律，对于认识和控制醋酸菌的危害具有重要意义。

1. 碳水化合物 醋酸菌可以通过 HMP 途径对己糖和戊糖进行氧化代谢，生成醋酸和乳酸。醋酸杆菌属细菌，还能通过 TCA 循环继续把醋酸和乳酸氧化成 CO_2 和 H_2O，葡萄糖杆菌属的细菌却可以氧化多种糖类和糖醇生成山梨糖、二羟丙酮、葡萄糖酸等。醋酸菌对碳水化合物代谢的副产物是影响柑橘果酒感官质量的重要物质。

2. 甘油 醋酸菌对甘油的氧化，造成甘油含量降低，二羟丙酮含量提高。二羟丙酮具有甜香的气味和清凉的口感，但它能和氨基酸如脯氨酸结合，生成有强烈的酒醇味，从而影响柑橘果酒的感官质量。

3. 酒精 醋酸菌能够氧化酒精产生醋酸，造成柑橘果酒的败坏。首先，乙醇被氧化生成乙醛，然后乙醛再被氧化生成醋酸。

4. 其他醇类 糖醇类是柑橘果酒中含量较低的组分，对柑橘果酒的酒体和感官质量都有影响，醋酸菌可以氧化这些醇类，生成相应的糖类，从而影响酒质。

5. 有机酸 一些有机酸会被醋酸菌氧化分解，把乳酸氧化生成乙偶姻，乙偶姻是具有奶油气味的挥发性物质，较高含量的乙偶姻是柑橘果酒败坏的标志。

（三）醋酸菌病害的预防

经过以上分析，了解了醋酸菌的生存条件和代谢规律，对柑橘果酒中的醋酸菌可以采取以下方法预防：必须选择健康的、未被病毒感染的柑橘原料；酿造设备须洁净、卫生；严格控制发酵温度，最高不超过 30 ℃；储藏温度 10～20 ℃；陈酿期间应做到满桶储存，按时添满不得留有空隙，密封容器口；在柑橘果酒酿造过程中添加适量的 SO_2 来抑制或杀死醋酸菌；陈酿环境要保持通风，墙壁、地面不得染霉，注意卫生及时熏硫，彻底消灭果蝇，创造一个良好的储藏管理条件。

（四）醋酸菌病害的应对方法

开始发现醋酸菌感染时，唯一的应对方法是采取加热杀菌，加热温度为68～72 ℃，保持15 min。杀菌后立即放入已杀过菌的储酒罐中，并调整 SO_2 含量为80～100 mg/L储存。如果没有杀菌设备，可以提高酒精度，达到18%（*v*/*v*）以上。

六、质量指标

通过对柑橘果酒进行检验分析，参照现行醋类产品标准，标准如下。

（一）感官特性

感官特性应符合表5-5的规定。

表5-5　感官特性

项　　目	要　　求
色泽	金黄色或浅橘黄色
香气	具有柑橘果酒特有的醇香，无异味
滋味	柔和爽口，微苦，回味久
状态	澄清透明，无悬浮，无沉淀

（二）理化指标

理化要求应符合表5-6的规定。

表5-6　理化要求

项　　目		要　　求
酒精度（20 ℃），%（*v*/*v*）		8.0～16.0
总糖（以葡萄糖计），g/L	干型	≤4.0
	半干型	4.1～12.0
	半甜型	12.0～50.0
	甜型	≥50.1

（续）

项　目	要　求
总酸（以柠檬酸计），g/L	4.0～8.0
挥发酸（以乙酸计），g/L	≤1.0
游离二氧化硫，mg/L	≤50
总二氧化硫，mg/L	≤250

（三）卫生指标

柑橘果酒的卫生指标应符合 GB 2758 的要求。

第六章　柑橘果醋

一、概况

（一）历史沿革

醋是我国一种具有悠久历史的传统调味品，其主要成分是由乙醇在醋酸菌（*Acetobacter* spp.）的作用下转化产生的乙酸。据现有文字记载，汉民族最早以曲作为发酵剂来发酵酿制食醋，而东方食醋正是起源于中国。我国有文献记载的酿醋历史至少在 3 000 年以上，自周时便开始酿醋，到春秋战国时期，山西酿醋业已经遍及城乡，打破了西周“公室制醋作坊”的单一格局。到秦时已经有了辛、咸、苦、酸、甘五味之说。到了汉朝，醋已经成为当时一种大众化的调味品。司马迁的《史记·货殖列传》、崔宴的《四民月令》也都有制醋的记载。而且制醋的工艺也在不断发展变化，北魏时醋的制作已经“标准化”，北魏农学家贾思勰《齐民要术》一书中所提到的制醋法已有 22 种之多。英文 Vinegar 一词则来源于法语中的 Vin（葡萄酒）＋Aigre（酸的），说明最早的醋只不过是酿酒时受到细菌污染而变酸的结果，果醋与果酒很可能是同时代的产物。

果醋与主要用来烹饪、调味的东方食醋不同，它是以水果（如苹果、葡萄、柑橘、梨、柿子、猕猴桃等）为主要原料，通过微生物发酵而成的一种具有抑菌、抗氧化、缓解疲劳、预防饮食型肥胖和高脂血症等多种保健生理功能的液态食品。国外的醋大多是由水果发酵制成，如苹果醋、葡萄醋等。近年来，随着果醋营养、保健作用的不断挖掘和发现，消费者逐渐认识并开始接受果醋产品，现在果醋及果醋饮料是当今世界的热门产品，在国外特别是发达国家，果醋饮料作为一种营养保健型饮品，得到广大消费者的认可和青睐，果醋饮料的消费量逐年增加，已占到醋类消费总量的 50%。目前，年果醋类人均消费量日本为 1.8 kg、美国为 1.4 kg，而我国果醋类的人均年消费量仅为 0.2 kg，仅相当于日本的 1/9、美国的 1/7。与发达国家相比，我国的果醋工业发展还有较大差距。但是，我国果醋的发展空间很大，消费人群多，市场潜力大。

明代李时珍的《本草纲目》中说：醋能开胃、养肝、养筋、暖血、醒酒、消食、下气辟邪解诸毒。果醋不仅保留了醋的功能，还具有果汁的清爽口感，果醋饮料被称为是继碳酸饮料、水饮料、茶饮料、果汁饮料和功能饮料之后的“第六代黄金饮品”。

（二）保健功能

1. 调节酸碱平衡，帮助消除疲劳 果醋富含醋酸、琥珀酸、苹果酸、柠檬酸等十多种有机酸以及人体所需的多种氨基酸、维生素及生物活性物质。这些丰富的有机酸，能有效维持体内的酸碱平衡。同时，果醋中含有钾、锌等多种矿物元素，在体内代谢后生成碱性物质，能防止血液酸化，达到调节酸碱平衡的目的。果醋中的醋酸等进入机体后，可以促进有氧代谢顺畅，有利于清除沉积的乳酸，起到消除疲劳的作用，而挥发性物质及氨基酸等有刺激人脑神经中枢的作用，具有开发智力的功效。

2. 提高免疫力，延缓衰老 经常食用果醋可提高肝脏的解毒机能，调节血液循环系统，有提高人体免疫力的功效。果醋中含有丰富的维生素 C，它会在体内形成一种活性极强的内源性清除过氧化自由基的“抗坏血酸基”抗氧化剂，从而防止细胞衰老。维生素 C 还可阻止强致癌物——亚硝胺在体内的合成，促使亚硝胺的分解，使亚硝胺在体内的含量下降，保护机体免受侵害，防止胃癌、食道癌等癌症的发生。果醋微酸性，对人体的皮肤有柔和的刺激作用，可以维护皮肤的 pH，还可控制油脂分泌。同时，果醋可以使碳水化合物与蛋白质等在体内新陈代谢顺利进行，使人体内过多的脂肪燃烧，防止堆积，抑制和降低人体衰老过程中脂质过氧化的发生，延缓衰老。

3. 促进钙质吸收，帮助消化 果醋在发酵过程中充分保留了水果中的各种维生素成分，果醋中丰富的维生素、氨基酸能促进醋酸与钙质合成醋酸钙，有助于机体对钙质的吸收。而水果通过微生物的发酵所产生的葡萄糖酸更是健康因子，对肠道内双歧杆菌的生存增殖效果显著，有促进消化的作用。由于葡萄糖酸的存在，从而使果醋的风味更可口。因此，柑橘果醋作为饮料开发，对改善我国人民的食物结构具有一定的促进作用。

4. 降血脂、降胆固醇，保护心血管 果醋中含有维生素，可降低血浆和组织中的胆固醇含量。研究证实，心血管病患者每天服用 20 mL 果醋，6 个月后胆固醇平均降低 9.5%，血液黏度有所下降。果醋中还含有可促进心血管扩张、增加冠状动脉血流量、产生降压效果的黄酮成分。同时，果品中有粮食发酵中缺乏的钾、锌离子，可调节人体内的钾钠平衡，对心血管也有一定的保护作用。

二、柑橘果醋的分类

随着果醋的流行，市场上各种果醋的品种和类型越来越丰富。按照原料不同分为苹果醋、葡萄醋、柿子醋等单一果醋以及多种水果混合发酵的复合果醋；按照功能不同又可分为烹调醋、佐餐醋、保健醋和饮料醋；按照制作工艺还可以分为发酵型果醋和勾兑型果醋。而柑橘果醋是以新鲜的柑橘果实为主要原料，取汁后经酒精发酵和醋酸发酵，再通过陈酿及调配而成。根据消费者的食用习惯，通常将柑橘果醋分为调味型和即饮型2类。

1. 调味型柑橘果醋 调味型柑橘果醋的酸度与普通食醋接近，一般为3%～5%，有的甚至更高。其酸度应根据食用的方法进行调整，如作为代替食醋用于烹饪的柑橘果醋其酸度应该达到5%以上，做到酸味突出，滋味浓厚，方能解腥去膻；如作为佐餐调料主要用于凉拌蔬菜或蘸食海鲜等，酸度以4%左右为宜；如当作保健饮品，用水或其他饮料自行冲调后饮用的，可再适当降低酸度、提高果香。作为佐餐的调味型柑橘果醋，除了对酸度要求较高外，同时还应具有醇厚的口感、琥珀般的色泽以及丰富的香气。

2. 即饮型柑橘果醋 即饮型柑橘果醋属于发酵型果醋饮料，作为休闲饮品其总酸度通常在1%左右，一般不宜超过3%，它是集营养与保健为一体的新兴健康饮料，除了具有多种有机酸以外，还含有生物活性物质，如柑橘黄酮等。因为具有开盖即饮的特点，这就要求柑橘果醋饮料的酸度和糖度要适当，所以可调配少许柑橘原汁来提高糖分和增加果香，考虑到糖尿病患者及减肥要求的消费者也可以添加代糖控制热量。在生产上可融合发酵工程、酶工程和膜技术等果汁饮料生产技术的优势，应用超滤技术代替超高温瞬时杀菌技术，这样可使维生素等热敏性营养物质的损耗尽量降低。

三、柑橘果醋的生产工艺

制作果醋必须经过酒精发酵和醋酸发酵两个重要的阶段，方能完成葡萄糖→乙醇→乙酸的生物转化。

（一）酒精发酵

反应式如下。

$$C_6H_{12}O_6 \longrightarrow 2C_2H_5OH + 2CO_2$$

酒精发酵是一系列复杂的连续性生化反应，其间伴随着多种中间产物的生成和一系列酶的催化作用，最终由酵母菌在厌氧条件下完成糖的代谢，生成乙醇和二氧化碳。根据计算，1 分子的葡萄糖生成 2 分子的乙醇和 2 分子的二氧化碳。具体来说，100 份葡萄糖生成 51.11 份乙醇和 48.89 份二氧化碳，但是其中约有 5.17%的葡萄糖被用于酵母的增殖和产生副产物，所以实际上所得的酒精量为理论数的 94.83%。而这些副产物主要包括甘油和琥珀酸等，它们也是果醋重要的香味来源。在生产上，酒精发酵有固态法和液态法 2 种，但是固态法适用于我国传统陈醋的酿造，对以水果为原料的果醋通常采用类似果酒的间歇式液态发酵工艺。

（二）醋酸发酵

反应式如下。

$$2C_2H_5OH \longrightarrow 2CH_3CHO + H_2O$$

$$2CH_3CHO + O_2 \longrightarrow 2CH_3COOH + H_2O$$

醋酸发酵是以醋酸菌为主的乙醇转化为醋酸的代谢活动，一般认为这种转化分两步进行，中间产物为乙醛，主要催化酶为乙醇脱氢酶和醛脱氢酶。理论上，1 份乙醇能够生成 1.304 份乙酸，但是在实际生产中，由于乙酸的挥发、氧化分解、酯类的形成以及被醋酸菌当作碳源消耗等原因，一般 1 kg 乙醇只能生成 1 kg 醋酸，也就是 1 L 酒精可以生成 20 L 醋酸含量为 5%的醋液。同时发酵产生的有机酸还有可能与醇类结合生成具有芳香气味的酯类副产物，这类反应在果醋的陈酿阶段显得尤为重要。

按照醋酸发酵阶段的状态通常分为固态法和液态法，其中固态发酵法是东方食醋特有的发酵方法，在我国它多用于名、特食醋的生产，如山西老陈醋、镇江香醋、保宁麸醋等。此工艺虽发酵周期长、劳动强度大，但酿成的食醋风味足、香气浓。国外多以水果为原料进行液态法酿醋，主要有慢（奥尔良）发酵法、速酿（淋醋）发酵法和深层发酵法；国内一般称为表面发酵、回流发酵和深层发酵，福建的红曲老醋、浙江的玫瑰醋等都是用液态法酿制的。

在欧洲，表面静置发酵法一般用来生产香味浓郁、口感醇厚的高档葡萄醋，它是依靠液体表面缓慢生长的“醋膜”进行酿造的最古老的酿醋方法之一。发酵时将葡萄酒导入水平放置的小橡木桶中，加少量醋液启动发酵后用白布盖在向上的开口处，大致需要5个星期才能完成葡萄酒到葡萄醋的发酵，发酵周期长，转化率较低。国内传统的静置发酵工艺多采用陶制大缸进行发酵，发酵时用圆形的草或竹编厚垫覆盖缸体，以保证通气和防止杂菌落入。

回流发酵主要利用可将醋酸菌“固定”的载体进行发酵，这种快速制醋工艺是德国学者舒莱巴赫首先提出的，由于它比传统的固体制醋法（需40～60 d）要快得多（只需5 d），所以又称为速酿法。不过早在1732年，荷兰的布尔哈夫就发明了一个用树枝、藤蔓和葡萄茎制作的用于淋醋的滴流发生器。后来德国波恩的弗林斯公司（Heinrich Frings）经过不断的改进，最终确定使用榉木刨花为载体，将固定醋酸菌细胞置于大木槽内，发酵液通过回旋喷洒器浇淋于载体上，发酵成的醋液自木槽假底流出。这种发酵工艺在其后的一个半世纪里一直是最重要的食醋生产方法。回流发酵工艺所需设备投资较小，也可实现半连续发酵，且发酵过程依靠菌床产酸，果醋风味丰富，风格突出，更加适合中国人的口味，但是发酵中易造成乙醇、乙酸和其他挥发性成分的损失，降低产量和香气。

深层发酵不仅易操作易管理、能够规模化标准化生产，而且具有较高的转化率（≥94%）和产酸率[≥0.09 g/(L·h)]，其最高酸度可达17%以上，是目前最有效和先进的醋酸发酵工艺。但这种利用高浓度纯醋酸菌发酵所生产的果醋酸味多、滋味少，适合调配稀释后制作即饮型果醋饮料。

（三）工艺流程

柑橘果醋的生产工艺流程见图6-1。

（四）操作要点

1. 原料挑选 选择新鲜的容易剥皮且种子较少的柑橘类果实为原料，要求成熟度高、糖分高、酸度低、风味浓，且无腐烂变质。

2. 剥皮榨汁 柑橘果皮含有1%～3%的柑橘精油，它具有很强的抑菌作用，进入果汁会严重阻碍酵母繁殖及影响果酒、果醋发酵，需经过剥皮处理方可榨汁。对部分种子较多的柑橘品种而言，应尽量采用柔和的榨汁方式，减少压榨过程中种子的破碎，避免种子内的苦味成分过多浸入柑橘汁，影响口感。

3. 保温酶解 将适量的复合型果胶酶制剂与偏重亚硫酸钾加入柑橘汁并搅拌均匀，在可加热酶解罐中保温处理数小时。

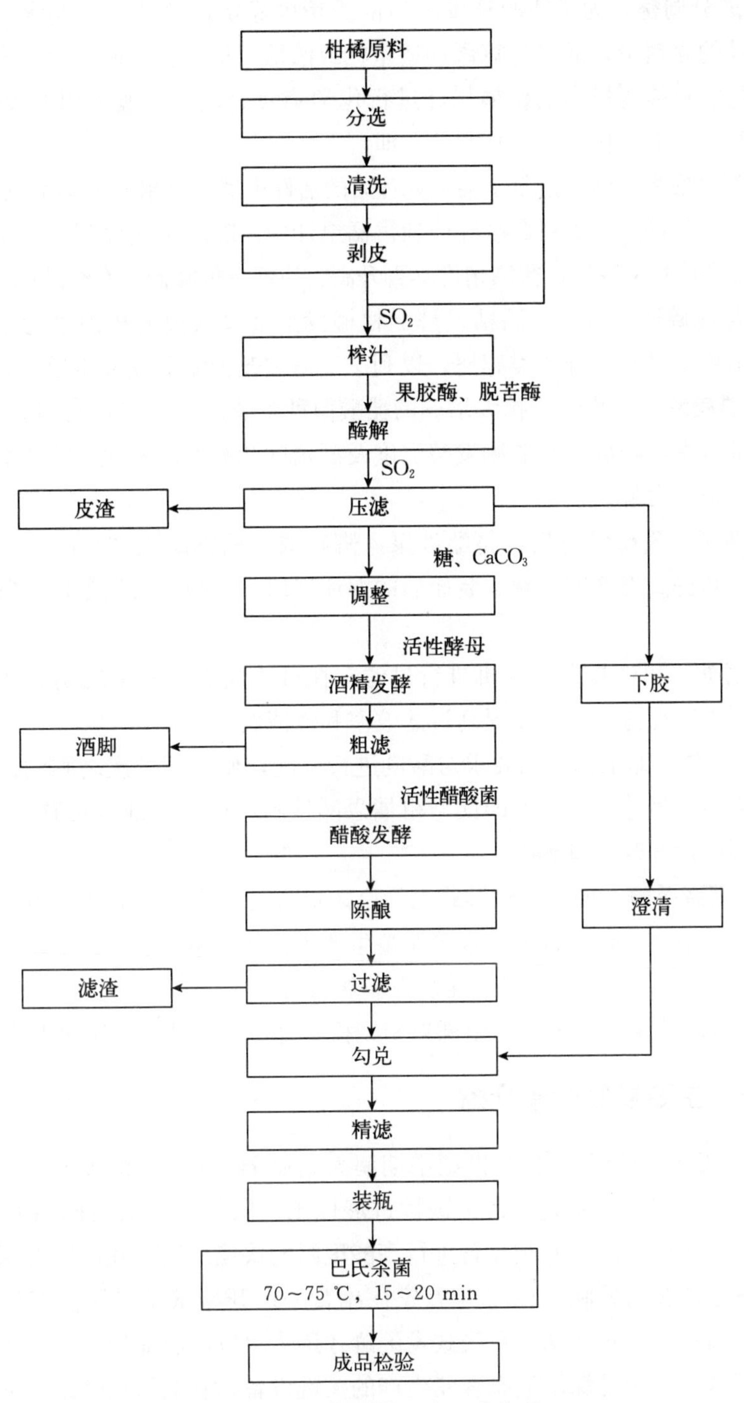

图 6-1　柑橘果醋生产工艺流程

4. 成分调整 为了使酒精发酵后的酒精度稳定地达到一定要求，需根据柑橘果汁的含糖量，通过计算添加适量糖或浓缩柑橘果汁；同时为使发酵顺利进行，还需对酸度过高的柑橘果汁进行化学降酸处理，一般可用 $CaCO_3$ 处理至含酸约 0.8%以下（或 pH≥3.5）即可。

5. 酒精发酵 将经过复水活化处理后的活性干酵母（果酒或葡萄酒专用型）按 0.05%～0.10%的比例直接接种到柑橘果汁中，随后定期检测并记录发酵液密度及温度等相关数据，待酒精度不再升高、残糖不再降低时发酵结束。

6. 粗滤除渣 将完成酒精发酵的柑橘发酵液泵入离心机内进行粗滤，去除残留的柑橘囊衣等纤维类碎屑，以利于澄清和改善醋酸发酵质量。

7. 醋酸发酵 将经过扩大培养的醋酸菌种子液按 2%～10%的比例接种入酒精发酵液中，随后经常监测发酵温度及酒精度和酸度的变化，待乙酸含量不再升高时结束发酵。

8. 陈酿 发酵结束后，将醋液泵入陶缸或不锈钢罐内进行陈酿。陈酿可增强香味和提高澄清度，减少装瓶后的混浊现象。一般在常温条件下陈酿 3 个月以上。

9. 过滤 可经板框压滤机进行过滤，在过滤前也可先采用明胶或硅藻土等澄清剂进行澄清处理，以提高过滤效率和澄清度。

10. 勾兑 即根据产品要求对酸度进行调配，使不同批次之间的差异在合理范围之内。另外，如生产即饮型柑橘果醋饮料，还需在加水稀释后添加糖、酸、柑橘原汁等改善口感。

11. 灌装杀菌 如采用喷淋式巴氏杀菌机进行后杀菌，需要在冷却前检查旋盖，避免空气及杂菌进入；也可调整生产工艺使用板式热交换器杀菌，杀菌温度在 65～85 ℃，杀菌后可热灌装在玻璃瓶内。

12. 成品检验 灌装后的柑橘果醋经检验合格后，贴标、装箱即为成品。

（五）主要发酵设备介绍

1. 自吸式发酵罐 自 20 世纪中期澳大利亚 Hromatca 和 Ebner、Kastner 等对醋酸菌深层培养研究取得突破性进展以来，国外主要采用德国 Frings 公司的醋酸液态深层发酵专利装置进行高酸度醋的快速酿制。我国液态深层发酵制醋技术起步相对较晚，1972 年石家庄副食一厂开始试验采用液态深层法制醋，至 20 世纪 80 年代初，自吸式发酵罐才逐步得以广泛应用。

自吸式发酵罐是深层液态食醋生产的关键设备，它的特点是结构紧凑、产酸效率高、连续运转能力强且溶氧均匀。其主要功能部件为置于罐底部的气液混合强化器，它由多棱形空心叶轮和围绕叶轮的定子组成。电机高速运转时带动转子一起转动，相连的叶轮旋转后在中心产生负压，再通过与之连接的通向发酵罐的风管将空气吸入，并经过空气分布器在混合腔内与发酵液充分混合，气体被分散成细小气泡，形成巨大的气液传质界面，同时气液混合流以射流方式分散到发酵液主体中，在发酵罐内部形成强湍流，形成不间断的供氧，以满足醋酸菌的代谢需求。目前，我国的自吸式发酵罐多采用 13 000 L，也有厂家用 17 000 L、20 000 L 的发酵罐，且多数发酵设备为下伸轴偏置电机式，叶轮主要有直叶型和弯叶型，其中采用三直叶型叶轮的发酵罐与国际先进水平相比，在转化率、产酸速率及最高酸度上均有差距，在能耗上也相差约 40%，且由于在设计原理上造成的吸气量不足，很难满足 20 000 L 以上的大型发酵罐，而改进后的六直叶型吸气搅拌装置则可适用 100 000 L 及以上的醋酸发酵罐，自吸式发酵罐见图 6－2 与图 6－3。

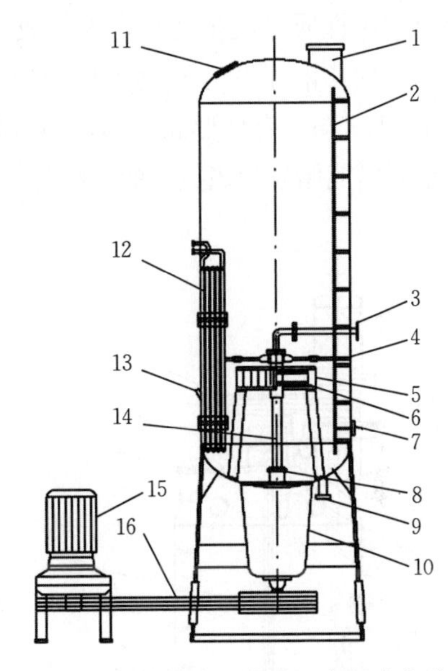

图 6－2　下伸轴式（偏置）自吸式发酵罐

1. 人孔　2. 梯子　3. 空气进口　4. 拉杆　5. 导轮　6. 叶轮　7. 取样口　8. 机械轴封　9. 放料管　10. 轴承座　11. 视镜　12. 冷却排管　13. 温度计　14. 搅拌轴　15. 电机　16. 皮带

2. 回淋式发酵罐　国外淋醋工艺采用的典型设备是弗林斯发生器(Frings generator)。其操作过程如下：酒醪从发酵罐的聚液槽通过连续换热器以后泵送到进料罐中，酒醪在此通过分布盘和榉木刨花层间接回到聚液槽，或者通过溢流管直接回到聚液槽。刨花层中具有接触式温度计，它能控制进料罐的阀门进行循环液的调节。酒醪中的接触式温度计通过电磁阀可以控制进入换热器的冷却水流量。以这种方式，在很高的发酵速率下，酒醪温度也可以控制在 26～28 ℃，而刨花层中温度计触点处的温度可以控制在 28～33 ℃。空气通过载体层的底部吹入，通过排气管放出。

当残余乙醇降到 0.3%（v/v）时，将聚液槽中的醋液大部分放出，然后在几天之内分 2～3 次补足。在每一循环的开始，发酵速率可能有明显降低，这是由于乙醇和醋酸浓度的巨大变化导致载体层上部细菌大量死亡造成的。

一旦新添加的酒醪与吸附在刨花上的醋液混合之后，就形成了发酵的适宜条件，即8%醋酸和4%乙醇。乙醇向醋酸的转化率取决于刨花层的使用时间，一般在85%～90%。高峰发酵期的氧利用率约为50%。发酵期的长短与刨花层与聚液槽的体积比有关，一般为4～10 d。用榉木刨花层作载体时，这种设备的生产能力约为1 m^3 载体每天产醋5 L。如果产醋质量下降，则可能因为刨花层上细菌性质已发生变化，如形成黏性结块物等。

国内用作淋醋发酵的设备称为速酿塔，如图6-4。塔高一般为2～5 m、直径1～1.3 m，有柱形和锥形，内设假底，假底与塔底间距离约0.5 m，这之间的聚液槽能储放相当数量的发酵醪。假底上先放一竹编垫子，再将已经洗净、

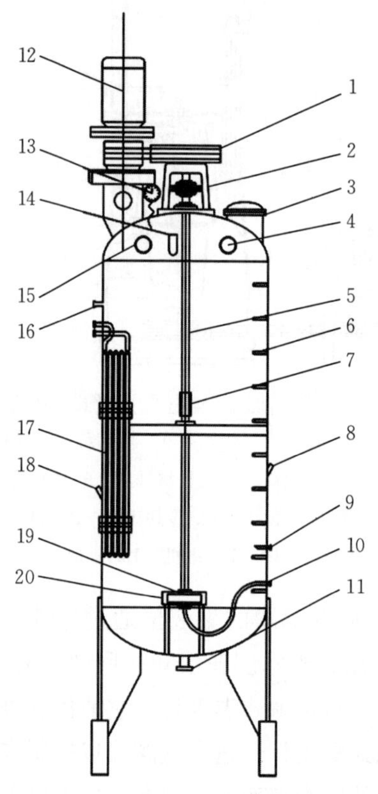

图6-3　上伸轴式自吸式发酵罐

1. 三角皮带　2. 轴承座　3. 入孔　4. 视镜　5. 轴　6. 扶梯　7. 联轴节　8. 玻璃温度计插口　9. 取样口　10. 进气口　11. 放料口　12. 电机　13. 压力表　14. 排气口　15. 进料口　16. 备用口　17. 冷却列管　18. 仪表温度计插口　19. 转子　20. 定子

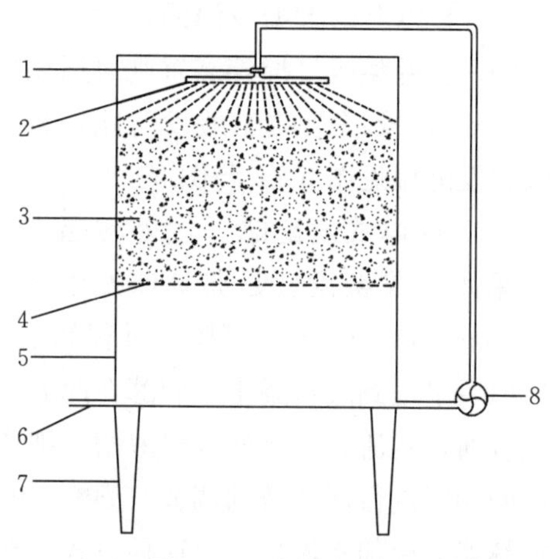

图6-4　速酿塔结构

1. 活接　2. 旋转喷淋管　3. 固态填充物　4. 滤板　5. 发酵罐　6. 醋液成品出口　7. 支架　8. 离心泵

用醋酸浸泡处理过的填充料均匀填入。塔顶部装有回转喷淋管，聚液槽接不锈钢离心泵，使醋液循环淋浇。塔顶用木盖封闭，只留排气管，管口包扎纱布以调节空气的进入量。塔的上、中、下部皆插有温度计。速酿塔中装填好载体以后，保持室温 25～30 ℃，每日注入旺盛的醋酸发酵种子液数次，使载体表面布满醋酸菌，然后注入柑橘酒精发酵液进行醋酸发酵。

四、HACCP 技术在柑橘果醋生产中的应用

柑橘果醋是有微生物参与的发酵产物，生产周期长，工艺控制难，为避免柑橘果醋在加工、运输以至销售整个过程中的潜在危害的发生，针对食品安全体系日趋完善且食品安全法规愈加严格的现状，须应用 HACCP 原理构建柑橘果醋的质量控制体系。

（一）产品描述

1. 产品名称　柑橘果醋。

2. 产品成分　水、醋酸等。

3. 加工方法　以新鲜良好、成熟适度、无腐烂变质、无病虫害的橘子为原料，经酒精发酵与醋酸发酵工艺加工而成。

4. 产品安全特性　总酸（以醋酸计）≥3.5%，游离矿酸不得检出；无转基因产品及过敏原成分；总砷（以 As 计）≤0.5 mg/L，铅（Pb）≤1 mg/L；菌落总数≤10 000 CFU/mL，大肠菌群≤3 MPN/100 mL，致病菌（沙门氏菌、志贺氏菌、金黄色葡萄球菌）不得检出。

5. 包装方式　内包装为玻璃瓶或 PET 瓶，外包装为瓦楞纸箱。

6. 销售储藏方式　在常温下销售和储藏。

7. 用途　佐餐或直接饮用。

8. 消费者　消费对象为普通大众、餐饮店。

（二）工艺流程

原、辅料验收→选果→清洗→热烫→剥皮→榨汁→加硫→酶解→调整→酒精发酵→粗滤→醋酸发酵→陈酿→过滤→勾兑→灌装→杀菌→成品检验。

（三）危害分析

柑橘果醋发酵过程中会受温度、时间等物理因素的影响，发酵罐、设备、

容器、管道等不符合工艺要求，未按SSOP规范操作，包装材料不合卫生要求或人为因素等，可引起物理因素危害。

柑橘原料农药残留、重金属残留超标、水源污染、土壤污染、果实可能有霉变而产生毒素、虫害果、辅助材料的添加量等都可能引起化学污染。

在柑橘果醋生产过程中，通过各种渠道都有可能混入除酵母和醋酸菌以外的其他微生物，统称为杂菌。柑橘果醋生产中的主要环节形成了一个特殊的环境条件，能在这些环境条件下生长繁殖，并形成代谢产物的生长菌是一类具有嗜酸、嗜低温、厌氧或兼性厌氧、抗乙醇和苦味物质的微生物，如大肠菌群、乳酸菌等。杂菌污染可使柑橘果醋浑浊，形成沉淀，产生不良的气味，改变了柑橘果醋特有的口味以致产生对人体有毒有害物质而不能饮用。

根据柑橘果醋的工艺流程，和对上述生产过程中的危害进行分析，并确定其关键控制点（CCP），具体见表6-1。

表6-1　柑橘果醋危害分析

加工步骤	潜在危害	潜在危害是否显著	对潜在危害的判断提出依据	防止显著危害的预防措施	是否为关键控制点
1 原、辅料验收	生物危害：细菌、致病菌	是	原料果表面因霉烂而受到霉菌、致病菌污染；白砂糖、果胶酶等辅料在生产及运输过程中受微生物污染	严格按照原、辅料验收标准进行验收，控制原料果的腐烂率≤5%，所购辅料均来自合格供方，并提供检验报告；可通过后续加硫工序抑制微生物的生长与繁殖	否
	化学危害：农药残留、重金属	是	原料果在种植过程中施用禁用农药或用量不当，其栽培土壤、水源存在重金属污染；白砂糖、果胶酶等辅料在生产过程中受重金属污染	原、辅料供应商提供农残或重金属的检测合格报告；超标的农残或重金属在后续工序中无法去除	是
	物理危害：砂石、金属等异物	否	原料果在采收、运输过程中带入	可通过后续选果工序去除	否

（续）

加工步骤	潜在危害	潜在危害是否显著	对潜在危害的判断提出依据	防止显著危害的预防措施	是否为关键控制点
2 选果、清洗、剥皮	生物危害：细菌、致病菌	是	原料果中有受到霉菌、致病菌污染的霉烂果混入，生产用水受细菌、致病菌等微生物污染，剥皮人员的手消毒不彻底而导致原料果受微生物污染	可通过后续加硫工序抑制微生物的生长与繁殖，按照卫生标准操作程序规范水的处理，按照卫生标准操作程序规范进行手的消毒	否
	化学危害：无				
	物理危害：泥沙、毛发、饰品等异物	否	原料果表面混有泥沙等杂质，剥皮人员在操作过程中带入	可通过后续过滤工序去除	否
3 榨汁	生物危害：细菌、致病菌	是	压榨设备清洗不彻底	按照卫生标准操作程序规范进行压榨设备的清洗，可通过后续加硫工序抑制微生物的生长与繁殖	否
	化学危害：无				
	物理危害：无				
4 加硫	生物危害：细菌、致病菌	是	加硫工器具消毒不彻底，生产用水受细菌、致病菌等微生物污染	按照卫生标准操作程序规范进行加硫工器具的消毒和水的处理，可通过后续加硫工序抑制微生物的生长与繁殖	否
	化学危害：SO_2	是	SO_2 用量不当	严格控制 SO_2 添加量≤100 mg/L	是
	物理危害：毛发、饰品等异物	否	加硫人员在操作过程中带入	可通过后续过滤工序去除	否

（续）

加工步骤	潜在危害	潜在危害是否显著	对潜在危害的判断提出依据	防止显著危害的预防措施	是否为关键控制点
5 酶解	生物危害：细菌、致病菌	是	酶解容器清洗不彻底，生产用水受细菌、致病菌等微生物污染	按照卫生标准操作程序规范进行酶解容器的清洗和水的处理，可通过后续加硫工序抑制微生物的生长与繁殖	否
	化学危害：无				
	物理危害：毛发、饰品等异物	否	加酶人员在操作过程中带入	可通过后续过滤工序去除	否
6 调整	生物危害：细菌、致病菌	是	调配容器清洗不彻底	按照卫生标准操作程序规范进行调配容器的清洗，可通过后续加硫工序抑制微生物的生长与繁殖	否
	化学危害：无				
	物理危害：碎玻璃片、包装袋线头等异物	否	称重人员在操作过程中带入	可通过后续过滤工序去除	否
7 酒精发酵	生物危害：杂菌污染	是	发酵容器清洗不彻底，发酵温度过高造成杂菌生长使生产用水受细菌、致病菌等微生物污染	按照卫生标准操作程序规范进行发酵容器的清洗和水的处理，严格控制发酵温度，杂菌发酵产生的有害物质在后续工序中无法去除	是
	化学危害：无				
	物理危害：蚊虫等异物	否	环境中蚊虫在发酵过程中混入	控制发酵环境的卫生状况，可通过后续过滤工序去除	否

（续）

加工步骤	潜在危害	潜在危害是否显著	对潜在危害的判断提出依据	防止显著危害的预防措施	是否为关键控制点
8 粗滤	生物危害：细菌、致病菌	是	设备清洗不彻底	按照卫生标准操作程序规范进行清洗	否
	化学危害：无				
	物理危害：无				
9 醋酸发酵	生物危害：杂菌污染	是	发酵容器清洗不彻底，发酵中杂菌污染导致温度升高	按照卫生标准操作程序规范进行清洗，严格控制发酵温度，杂菌发酵产生的有害物质在后续工序中无法去除	是
	化学危害：无				
	物理危害：醋虱等异物	是	发酵环境中生长醋虱等	按照卫生标准操作程序规范进行控制	否
10 陈酿	生物危害：杂菌污染	是	陈酿温度过高，陈酿设备清洗不彻底，密封不严	按照卫生标准操作程序规范进行陈酿设备的清洗，杂菌在陈酿过程发酵产生的有害及不良风味物质在后续工序中无法去除	是
	化学危害：无				
	物理危害：无				
11 勾兑	生物危害：细菌、致病菌	是	勾兑容器清洗不彻底，生产用水受细菌、致病菌污染	按照卫生标准操作程序规范进行勾兑容器的清洗和水的处理，可通过后续杀菌工序去除	否
	化学危害：无				
	物理危害：未溶解杂质等异物	否	由勾兑人员在操作过程中带入	可通过后续精滤工序去除	否

（续）

加工步骤	潜在危害	潜在危害是否显著	对潜在危害的判断提出依据	防止显著危害的预防措施	是否为关键控制点
12 灌装	生物危害：细菌、致病菌	是	瓶子杀菌不彻底，瓶、盖密封不严导致空气、杂菌进入而变质	按照卫生标准操作程序规范进行空瓶消毒，可通过后续杀菌工序去除；瓶、盖均来自合格供方，并提供检验报告	否
	化学危害：无				
	物理危害：碎玻璃、木塞屑等异物	是	瓶子清洗不彻底	按照卫生标准操作程序规范进行空瓶清洗，可通过后续灯检工序去除	否
13 杀菌	生物危害：细菌、致病菌	是	杀菌温度、时间不符合要求	严格按照杀菌要求进行操作（70～75 ℃，15～20 min）	是
	化学危害：无				
	物理危害：无				

（四）关键控制点

根据对柑橘果醋生产过程中可能存在的危害环节进行分析，建立了以下关键控制点。

1. 原、辅料验收 柑橘原料果在种植过程中因种植者使用违禁农药或者用量超标以及受环境中（如土壤、水源等）重金属污染的影响，极易导致柑橘原料果农药残留及重金属含量超标，且在后续的柑橘果醋生产操作中无法消除该危害，将造成最终果醋产品中农药残留超标或重金属超标。因此，所收购的柑橘原料应该具有农药残留及重金属检测报告，否则不予收购。

柑橘原料果在采摘、储藏和运输过程中可能因机械损伤而产生霉烂，霉烂果中曲霉素等含量异常升高，将对最终柑橘果醋产品造成危害。故此，所收购的柑橘原料果应该控制其腐烂率≤5%，每批次原料均需进行腐烂率抽检，对包装水果原料（以件、箱或袋为单位）及散装水果原料（以 kg 为单位）分别按第五章表 5-2、表 5-3 进行随机取样。

柑橘果醋生产中所添加的辅料也有可能在生产、储藏和运输过程中受到致病菌等污染，所以进厂的各种辅料必须经过严格检验，并由供应商提供检验合格证书等。

2. 加硫（SO_2）　柑橘果醋在酒精发酵之前的果汁杀菌若添加偏重亚硫酸钾，要避免添加过量的 SO_2 而导致最终柑橘果醋产品中 SO_2 含量超标。

3. 酒精发酵　柑橘果醋在酒精发酵期间如果发生好氧性细菌的侵染，引起发酵不正常，造成最终残糖、挥发酸含量高，并产生大量异味物质，如 H_2S 等对人体有害的物质。

4. 醋酸发酵　柑橘果醋在醋酸发酵期间如果发生杂菌污染，引起醋液浑浊或产生异味。

5. 陈酿　陈酿期间避免温度过高，或因密封不严造成空气进入，醋酸菌继续活动导致醋酸进一步氧化成 CO_2 和 H_2O，并产生异味。

6. 杀菌　杀菌不彻底会造成柑橘果醋中细菌残留，产生致病菌污染。所以必须严格控制杀菌温度和时间。

（五）HACCP 工作计划

根据上述确定的柑橘果醋生产过程中的 6 个关键控制点（CCP），编写出柑橘果醋生产的 HACCP 计划工作，制定了各关键控制点的控制限值，以保障发生偏差时可以及时采取相应的纠偏措施，详见表 6-2。

五、质量指标

通过对柑橘果醋进行检验分析，参照现行醋类产品标准，确定柑橘果醋产品标准。

（一）感官特性

感官特性应符合表 6-3 的规定。

（二）理化指标

总酸、不挥发酸、可溶性无盐固形物、还原糖、氨基态氮应符合表 6-4 的要求。

表 6-2 柑橘果醋生产的 HACCP 计划工作

关键控制点	显著危害	预防措施的关键限值	监控				纠偏措施	验证	记录
			内容	方法	频率	对象			
原、辅料验收 CCP_1	原、辅料可能受农药残留或重金属超标等影响	农药残留、重金属检测合格证书	原、辅料检测报告	目测	每批	原料收购人员	无检测合格证书 a. 拒收 b. 退货	a. 记录审核 b. 农残等送外检	原、辅料检验记录
加硫 CCP_2	SO_2 含量超标	总 SO_2 含量≤250 mg/L	SO_2 添加量	检测	每批	检验人员	SO_2 含量超标 a. 重新计算 SO_2 添加量 b. 及时补加新的柑橘果汁	a. 记录审核 b. SO_2 含量检测	a. SO_2 添加记录 b. SO_2 测定记录
酒精发酵 CCP_3	异常发酵	发酵温度 20～22 ℃，挥发酸含量＜0.6 g/L	发酵温度	目测	每班	发酵人员	酒精发酵温度或挥发酸含量过高 a. 及时换热降温 b. 补加酵母 c. 开放式倒罐 d. 添加 SO_2 终止发酵	a. 记录审核 b. 挥发酸检测	a. 发酵温度记录 b. 挥发酸含量检测记录
醋酸发酵 CCP_4	意外终止	发酵温度 35～38 ℃	发酵温度	目测	每班	发酵人员	醋酸发酵温度未达标 a. 及时换热降温 b. 控制通气量	a. 记录审核 b. 总酸含量检测	a. 发酵温度记录 b. 总酸含量检测记录
陈酿 CCP_5	杂菌污染	陈酿温度＜20 ℃	a. 陈酿温度 b. 罐密封性	目测	每班	发酵人员	陈酿温度过高或罐密封性不良 a. 及时换热降温 c. 及时添罐补满加强密封性	a. 记录审核 b. 总酸含量检测	a. 陈酿温度记录 b. 陈酿容器清洗记录 c. 总酸含量检测记录
杀菌 CCP_6	致病菌残留	70～75 ℃，15～20 min	杀菌温度和杀菌时间	目测	每批	杀菌人员	杀菌温度或时间未达标 a. 重新杀菌 b. 隔离评估	a. 记录审核 b. 衡器检定	a. 杀菌温度记录 b. 杀菌时间记录

表 6-3　柑橘醋感官特性

项　　目	要　　求
色泽	金黄色或浅柠檬色
香气	具有柑橘果醋特有的清香，无异味
滋味	酸味柔和，香且微甜，回味久
状态	澄清透明，无悬浮，无杂质，允许微量沉淀

表 6-4　柑橘醋理化要求（g，100 mL）

项　　目	指　　标
总酸（以乙酸计）	≥3.50
不挥发酸（以乳酸计）	≥0.30
可溶性无盐固形物	≥3.00
还原糖（以葡萄糖计）	≥0.80
氨基态氮（以氮计）	≥0.08

（三）卫生指标

游离矿酸、砷、铅，以及菌落总数、大肠杆菌、致病菌应符合 GB 2719 的有关规定，且应符合表 6-5 的要求。

表 6-5　柑橘醋卫生要求

项　　目		指　　标
理化指标	游离矿酸	不得检出
	总砷（以 As 计）(mg/L)	≤0.5
	铅（Pb）(mg/L)	≤1
微生物指标	菌落总数（CFU/mL）	≤10 000
	大肠菌群（MPN/100 mL）	≤3
	致病菌（沙门氏菌、志贺氏菌、金黄色葡萄球菌）	不得检出

第七章　柑橘精油

一、概述

精油是柑橘果皮中重要的化学物质，柑橘精油目前已鉴定分离出60多种成分，其中最主要的成分是柠烯（Limonene）。据黄远征等的研究，不同柑橘种类其柠烯的含量有一定的规律：按照果皮中柠烯的含量，大致将柑橘类分成三组。第一组为枸橼、柠檬类，这一组柑橘果皮精油中柠烯含量为55%～68%；第二组为宽皮柑橘类，这一组柑橘果皮精油中柠烯含量为78%～88%；第三组为酸橙、甜橙、柚类，这一组柑橘果皮精油中柠烯含量为92%～95%。不同柑橘种类精油中除了含柠烯以外，还含有不同的特征成分，例如酸橙精油中乙酸芳樟酯、柚子油中的圆柚酮、柠檬精油中的柠檬醛（橙花醛和香叶醛之和）、宽皮柑橘精油中的百里香酚等。这些特征成分含量虽少，但对精油的质量有大的影响。

我国是世界柑橘罐头生产大国，全国平均年产柑橘罐头45万t左右，消耗宽皮柑橘近60万t，仅罐头一项就产生柑橘皮近15万t，可以生产宽皮柑橘精油1 000 t左右。宽皮柑橘精油与甜橙精油在成分上有较大的区别，国外由于大规模的甜橙果汁生产，所以每年产生近10万t的甜橙精油，其中巴西占60%以上。而宽皮柑橘精油由于加工量少，故精油总产量少，价格比甜橙精油要高。

甜橙精油的提取，主要在榨汁工艺之前采用刺皮磨油法，工艺技术与设备都已经成熟。宽皮柑橘精油的提取，目前国内在生产上应用的方法主要有直接压榨法、石灰浸泡压榨法和水蒸气蒸馏法3种。另外有超临界法、溶剂萃取法等，但由于设备投资大、生产成本高等原因，在实际生产上几乎很少应用。

（一）传统精油提取工艺

1. 直接压榨法　柑橘类果皮中的精油位于外果皮的表层，含精油的油囊直径一般可达0.3～0.7 mm，周围由退化的细胞堆积包围而成。压榨法是以强大压力压榨柑橘皮，使其油细胞破裂，使精油与皮汁一起射出，通过离心分离而得到精油。用此法榨取晚熟系温州蜜柑鲜皮的得油率为0.3%左右。冷榨油香气接近鲜橘果香，颜色浅黄色。

该法简单易行，油质好，但是对柑橘皮油的提取不够彻底，得油率较低。压榨后的残渣仍可用水蒸气蒸馏法提取到部分柑橘油。

2. 石灰浸泡压榨法　此法为目前浙江橘区在生产上常规使用的方法。通过将新鲜柑橘皮用一定浓度的石灰水浸泡后，经漂洗去碱液，然后用辊式或螺旋式压榨机压榨出水油混合物，经过滤、高速离心分离后得到橘皮精油粗品。

（1）石灰浸泡的作用　①石灰水中的 Ca^{2+} 使柑橘皮中的原果胶钙化，增强油胞周围细胞的硬度，可以在压榨时产生喷射效应。②果胶变成果胶酸钙后便不会溶解于水中，能降低压榨水的黏度，防止水油乳化，影响分离效果。③果胶酸钙降低已压碎果皮的吸水率，使残渣呈颗粒状，渣中含水量低（基本上被挤干）。

（2）石灰浸泡压榨法的优点　比直接压榨法出油率提高 35%～40%。用此法榨取温州蜜柑鲜皮的得油率为 0.5%左右，椪柑、槾橘等品种可达 1%左右。

（3）石灰浸泡压榨法的缺点　①由于油胞浸渍在碱液中，使精油发生劣化反应，同时柑橘皮在碱性情况下易发生褐变反应，而使油香明显变差，色泽明显暗化，油质大幅度下降。②石灰的碱性会造成果胶质分子量的降解，处理后的柑橘皮不宜作为生产果胶的原料。③碱性石灰水的排放会造成环境污染，废水处理成本较高。

3. 水蒸气蒸馏法　柑橘精油有一定沸点和挥发性，用水蒸气蒸馏时，因温度升高和水分的侵入，使油胞胀破，油便随水蒸气蒸馏出来。蒸汽通过冷凝器冷凝成液体，经导液管流入分离器，因油轻水重，油便浮在水的上面。这样，油水便可分离。

水蒸气蒸馏法优点：设备简单、产量大。一般压榨法得到的皮渣，也可再通过水蒸气蒸馏提取残留的橘油。此法的得油率比直接冷榨法高，与石灰浸泡法相当。

水蒸气蒸馏法缺点：首先本法比压榨法需较大的能耗，同时由于高温蒸馏，造成香气成分的热分解、水解、氧化、异构化，从而使油质明显下降，精油香气差。

通过以上 3 种方法比较分析可以看出，直接压榨法油质好，但得率低。石灰浸泡压榨法和水蒸气蒸馏法得油率高，但油质较差，目前国内市场上大部分的宽皮橘精油是由这 2 种方法提取出来的。

（二）新型精油提取工艺

为了解决传统法精油提取工艺中存在的问题，我国提出了一种柑橘精油提取新工艺（专利号 ZL 200710070266.3）。新工艺改良的关键点是利用氯化钙代替石灰对柑橘皮进行硬化处理，新工艺有以下工艺优点。

1. 提高油品质 石灰水呈碱性，会造成精油的劣化及褐变反应，影响精油的香气与色泽。$CaCl_2$ 水溶液是中性的，不会产生劣化和褐变反应，榨出的精油质地纯正，具天然柑橘果香，色泽明显优于石灰法。

2. 缩短浸泡时间 因为氯化钙溶解度大大高于石灰，所以 Ca^+ 相对浓度高，硬化效果好，浸泡时间可以从 8～12 h 减少到 3～5 h，显著提高效率。

3. 减少药剂使用量 氯化钙的使用量比石灰用量要少。

4. 提高残渣利用率，不造成环境污染 由于石灰水浸泡液呈碱性，在浸泡硬化中，柑橘果皮中的果胶发生了分解，而氯化钙浸泡液呈中性，不会对果胶产生分解，故榨油后的皮渣可以作为生产果胶的原料，进行综合利用。

5. 节约用水量 减少了石灰浸泡法中清水洗皮脱碱这道工序，大大节约了用水量，减少了环境污染。

二、柑橘精油的生产工艺

（一）新型果皮硬化剂的筛选

硬化剂提高柑橘果皮出油率的原理：第一，硬化剂中含有的 Ca^{2+} 能使柑橘皮中的原果胶钙化，从而增强油胞周围细胞群的胞壁硬度，可以在压榨时产生喷射效应。第二，原果胶钙化后，在压榨时便不会融入水中，能明显降低压榨液的黏度，防止水油乳化，提高离心分离效果。第三，硬化剂使压榨残渣呈颗粒状，降低已压碎果皮的吸水率，提高油水混合液的压榨得率。

选择合适的硬化剂是提高精油产量与质量的关键，表 7－1 对硝酸钙、氯化钙、乳酸钙及硫酸钙 4 种常用钙剂的相关指标进行了比较，这 4 种钙盐水溶液的酸碱度基本为中性，不会对果胶产生破坏，但其中硝酸钙应用安全性较差；乳酸钙的价格偏高，性价比差；硫酸钙的水溶性有效钙含量偏低，浸泡时间过长，影响生产工序进程。综合以上指标的对比分析，氯化钙最适合于用作柑橘果皮硬化剂。

表 7－1 四种常用柑橘果皮硬化剂的钙盐相关性质比较

类别	有效钙（%）	每 100 cm^3 水溶解度（g，20 ℃）	1%水溶液酸碱度（pH）	性价比	安全性
硝酸钙（四水）	16.9	129	7.0	好	差
氯化钙（无水）	36.0	74.5	7.5	中	好
乳酸钙（五水）	13.0	5.4	6.3	差	好
硫酸钙（二水）	23.3	0.26	6.4	差	好

（二）压榨工艺参数确定

果皮硬化工艺中对出油率影响较大的参数主要包括氯化钙质量分数、浸泡时间及浸泡温度。由于硬化程度与压榨液的黏度呈明显的负相关关系，压榨液黏度越低，说明原果胶固化效果越好，出油率越高。

1. 氯化钙浓度对压榨液黏度的影响 从图 7-1 中可以看出，当浸泡液中氯化钙的浓度在 0～0.5%质量分数时，随着氯化钙浓度的增加，压榨液的黏度快速降低，当氯化钙浓度在 0.5%以上时，氯化钙浓度的增加对压榨液的黏度值基本没有影响，所以将 0.5%质量分数的氯化钙含量作为生产用硬化液的最佳含量。

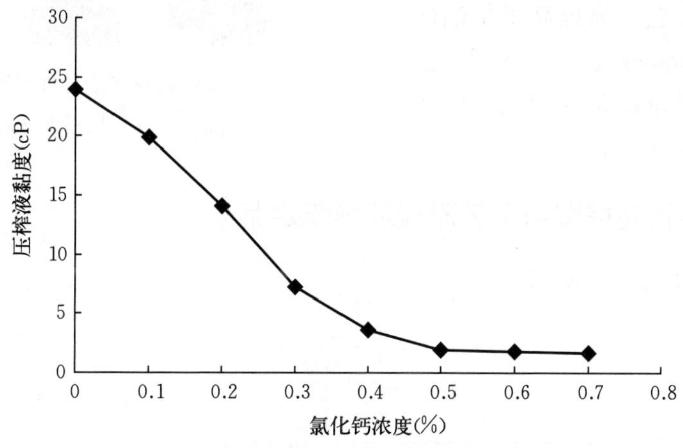

图 7-1 氯化钙浓度对压榨液黏度的影响

2. 浸泡温度对压榨液黏度的影响 从图 7-2 可以看出，浸泡温度对果皮

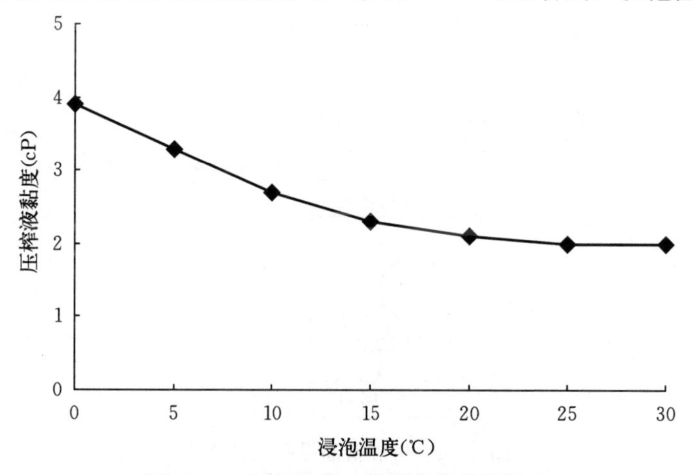

图 7-2 浸泡温度对压榨液黏度的影响

压榨液黏度的影响不大，温度在0～30 ℃，黏度的变化值不到2cP，故在整个生产季节内，随着气候的变迁引起浸泡液温度的变化，而对出油率产生的微影响，可通过适当调节果皮浸泡时间或者适当增减氯化钙浓度的方法来解决。

3. 硬化工艺对精油得率的影响 硬化工艺明显提高了精油的得率，压榨液静置15 min后，油水乳化层厚度硬化处理比对照相差1倍左右（图7－3）。

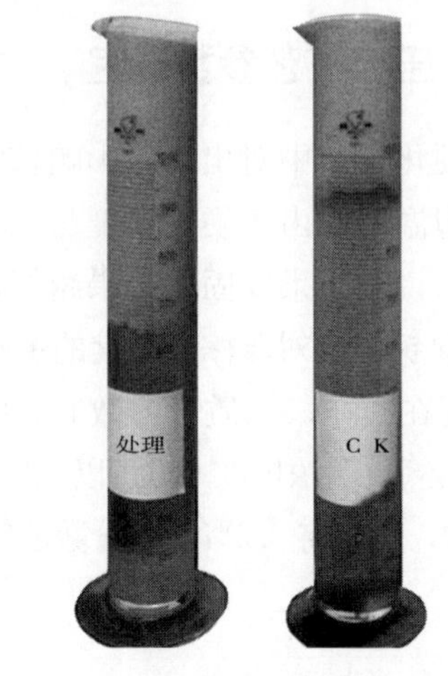

图7－3 氯化钙浸泡法与对照压榨液油水乳化层厚度比较

（三）精油提取新工艺流程及操作要点

1. 工艺流程 见图7－4。

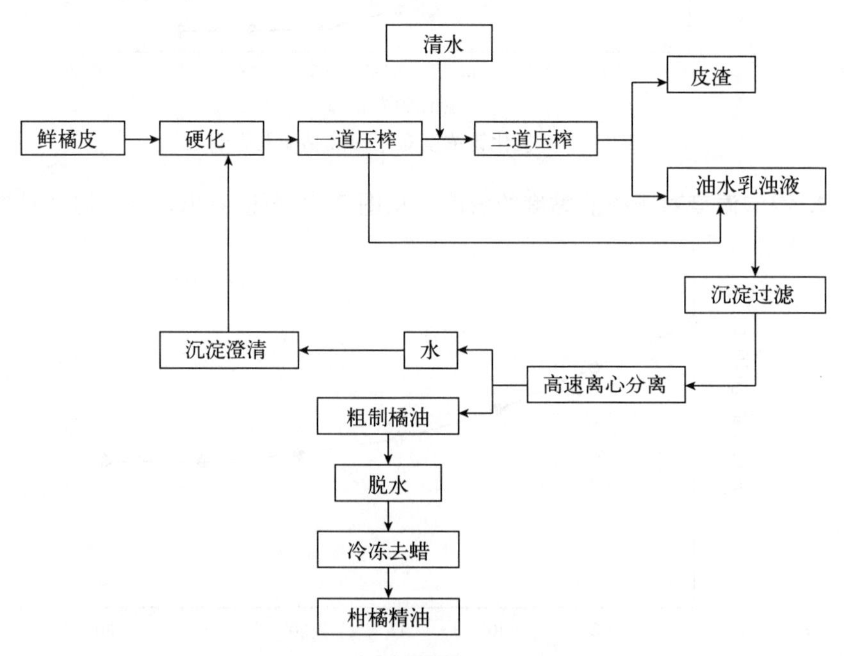

图7－4 柑橘精油提取工艺流程

2. 操作要点

(1) 浸泡液的配制　氯化钙0.5%、焦亚硫酸钠0.05%、水补足至100%。

在硬化液配方中添加适量的亚硫酸盐，其目的是利用亚硫酸盐的还原性，防止柑橘皮的氧化褐变，能明显提高柑橘皮油的色泽，并能提高果皮渣中提取果胶的色泽。

(2) 浸泡　把柑橘鲜皮称重，将果皮与硬化液重量按1∶2的比例浸泡在容器中，浸泡3～5 h。也可使用连续式柑橘果皮硬化机对果皮进行硬化处理(图7-5)。

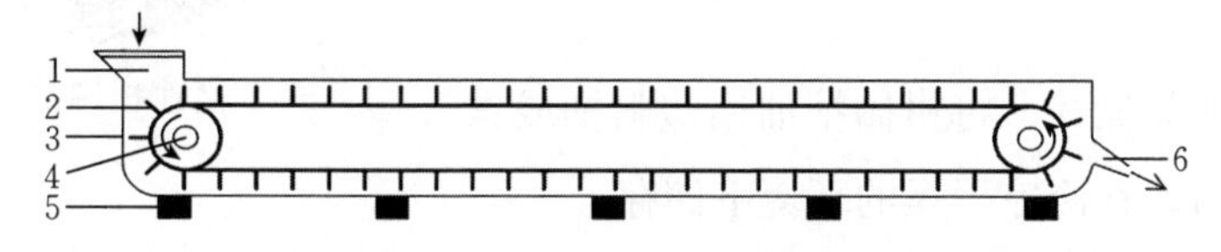

图7-5　连续式柑橘果皮硬化机原理

1. 进料斗　2. 输料挡板　3. 浸泡槽　4. 传动轮　5. 机座　6. 出料口

(3) 压榨　硬化后的果皮沥去水分，用转速为8～10 r/min的三辊式柑橘果皮压榨机（图7-6）压榨，第一道的榨渣加2倍重量的水，进行二道压榨，压榨后出的油水乳浊液进入储液槽，果皮渣可直接用于果胶提取，或经干燥后用于果胶提取，以延长果胶加工季节，隧道式远红外柑橘果皮干燥机见图7-7。

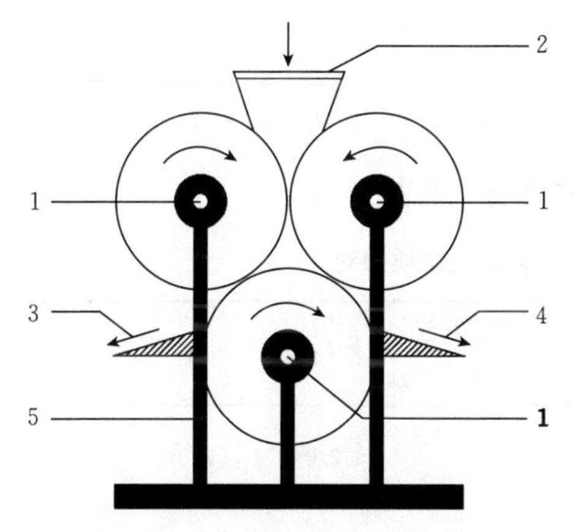

图7-6　三辊式柑橘果皮压榨机原理

1. 辊筒　2. 进料斗　3. 油水乳浊液出口　4. 皮渣出口　5. 机架

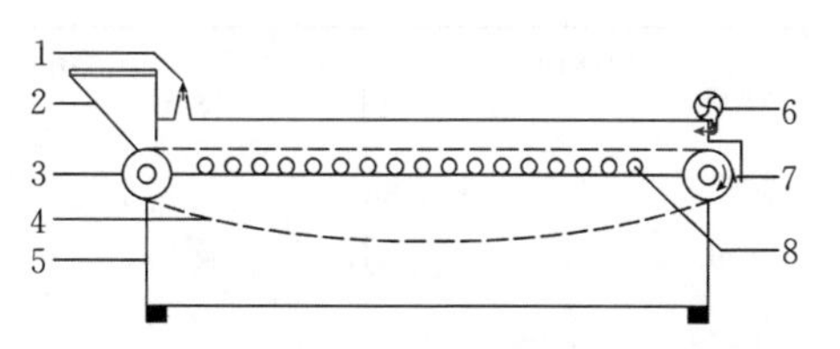

图7-7　隧道式远红外柑橘果皮干燥机

1. 出风口　2. 进料斗　3. 传动轮　4. 传动链条　5. 机架　6. 风机　7. 出料口　8. 发热棒

(4) 过滤　将储液槽中的油水乳浊液用振动筛将油水乳浊液过 80 目筛网，去除果皮渣屑。

(5) 沉降　将 2 遍压榨液混合后静置 15 min，待其明显分层后取上层含油乳浊液，可使油层分离出一半左右的无油水层，减少一半的离心水量，节约能耗。

(6) 离心　经 6 000 r/min 离心机（图 7－8）分离，得到柑橘精油粗品。

(7) 冷藏去蜡　将所得精油置于 4 ℃下 72 h，过滤去蜡。

(8) 成品储存　将柑橘精油用塑料桶或铁桶包装密封，在冷凉干燥的环境下储存。

图 7－8　高速柑橘油水分离机

(四) 新老工艺的精油得率及油质比较

1. 氯化钙浸泡法与直接压榨法得油率和出油率的比较　见表 7－2。

表 7－2　氯化钙浸泡与直接压榨法得油率及出油率比较（%）

柑橘品种	含油率（按 GB 2906 方法测定）	直接压榨法		氯化钙浸泡工艺	
		出油率	得油率	出油率	得油率
晚熟温州蜜柑鲜皮	0.85	0.35	41.2	0.62	72.9
椪柑鲜皮	1.90	0.78	41.1	1.44	75.6

注：得油率（%）＝榨出油量÷橘皮总含油量×100；出油率（%）＝榨出油量÷鲜橘皮总量×100。

2. 石灰浸泡法与氯化钙浸泡法油质的比较　见表 7－3。

表 7－3　两种提取工艺精油得率及品质的对比

项目	平均得率（%）	色状	香气	相对密度（25 ℃）	折光指数（20 ℃）	酸值	酯值	不挥发物
标准		红棕	橘香	0.843 1～0.849 1	1.470 0～1.479 0	≤2.0	≥2.0	≤5%
石灰法	1.42	红棕	较香	0.847 8	1.395 0	1.63	7.4	4.8
氯化钙法	1.54	橙黄	清香	0.847 6	1.394 7	1.78	7.2	4.6

注：表中数据为浙江黄岩香料有限公司企业标准。

三、柑橘皮精油柠烯及高浓香基的分离纯化工艺

（一）柑橘精油的组成

柑橘精油的主要成分为萜烯类化合物和含氧化合物。大规模工业生产的冷榨柑橘精油中，萜烯类含量为60%以上，其中主要成分为柠烯，柠烯有着抗炎、抗病毒和延缓衰老等生理活性，是做化妆品精油较好的原料，但萜烯类成分对精油的香气贡献很小，且由于一部分萜烯类成分主要以不饱和烃类为主，受热、光照容易氧化变质，严重影响柑橘精油的应用。柑橘精油中含氧化合物的含量为5%～40%，主要为高级醇类、醛类、酮类、酯类等组成的化合物，含量虽少但却是柑橘精油香味的主要来源；因此需要分离萜烯类成分与含氧香味成分，获得的萜烯类成分经纯化获得柠烯等产品，可作为化妆品用精油加以利用；获得的含氧香味成分经脱除萜烯类化合物，不仅可以提高产品的稳定性和溶解性，而且可以提高柑橘精油的风味强度。

（二）柠烯的结构及应用

1. 柠烯的结构 柠烯（Limonene）又称柠檬烯、苧烯，是一种萜类化合物，萜类化合物是指具有（C_5H_8）$_n$ 通式以及其含氧和不同饱和程度的衍生物，可以看成是由异戊二烯或异戊烷以各种方式联结而成的一类天然化合物。萜类化合物是香精油的主要成分，从植物的花、果、叶、茎、根中得到有挥发性和香味的油状物，其作用有一定的生理活性，如祛痰、止咳、祛风、发汗、驱虫、镇痛等。

柠烯学名为1-甲基-4-(1-甲基乙烯基）环己烯，分子式 $C_{10}H_{16}$，结构式见图7-9。

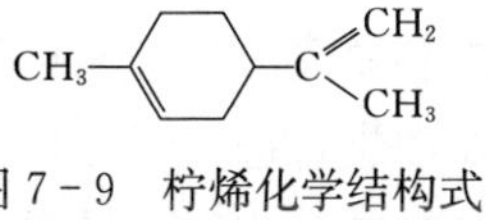

图7-9 柠烯化学结构式

柠烯是一种具有橙皮香气的无色液体，不溶于水，溶于乙醇、丙酮、正己烷等有机溶剂。柠烯有3种同分异构体，即右旋柠烯（d-Limonene）、左旋柠烯（L-Limonene）和消旋柠烯（dL-Limonene）。柠烯广泛存在于天然植物中，其中普遍存在的异构体是d-柠烯。柠檬烯是广泛存在于天然植物中的单环单萜，它是除蒎烯外，最重要和分布最广的萜烯。

2. 柠烯的应用 柠烯在医药化工行业上有广泛的用途。它在香料工业中可直接用于调香，在很多日化香精配方中都有应用，国际日用香精香料协会

(IFRA)对其没有限制规定。1994 年柠烯还被美国食用香料与提取物制造商协会(FEMA)认定其毒性属 GRAS(一般公认安全)级，并经 FDA(美国食品和药物管理局)批准食用，FAO(联合国粮农组织)和 WHO(世界卫生组织)对 d-柠烯的 ADI 不进行特殊规定，因此它在食用香精中早就得到了广泛的应用。

(1)在医药行业的应用

① 抗肿瘤作用　大量文献报道，d-柠烯具有预防自发性和化学诱导性啮齿类动物肿瘤的作用，在肿瘤的始发阶段和促癌阶段均有效。它对由化学致癌物诱发的啮齿动物乳腺癌、肺癌、胃癌、肝癌、皮肤癌等有预防与治疗作用。

② 抑菌作用　研究表明，d-柠烯对许多真菌和细菌都具有较强的抗菌作用，能有效抑制黑曲霉、枯草芽孢杆菌、金黄色葡萄球菌等食品腐败菌。

③ 祛痰、止咳、平喘　d-柠烯能促进呼吸道黏膜分泌增加，缓解支气管痉挛，从而有利于痰液的排出，并能有效止咳、平喘。

④ 溶解胆结石　d-柠烯对化解人体内结石有特殊功效，日本学者曾实验多种药物的溶石作用，发现 d-柠烯溶解胆固醇结石的能力远远超过胆酸钠、去氧胆酸和鹅去氧胆酸，而与氯仿、乙醚的溶石效力相仿。体外实验观察表明，10 mL 柠烯可溶解 1 090 mg 的胆固醇结石，而等量的 4%去氧胆酸只能溶解 28.2 mg 的胆固醇结石。在猪的胆囊里植入人的胆固醇结石，经用柠烯灌注 6 d，就可见结石完全溶解，而对肝、肠、胰及其他脏器均无明显损害。国内近年已有多家制药企业生产 d-柠烯胶囊。

⑤ 镇定中枢神经　有学者选用疼痛、镇静、血压和离体肠平滑肌收缩 4 项药理指标，进行了化学成分和药效的相关性研究。实验结果发现，挥发油有镇静和镇痛中枢抑制作用，还对大鼠离体肠平滑肌有先兴奋后抑制作用，再对挥发油进行进一步分析，确定其主要有效成分为 d-柠烯。近年的研究还确认它具有减轻应激的效果，能使人消除疲劳。

⑥ 减肥　据日本坂田圭子研究，葡萄柚油(d-柠烯含量大于 90%)0.002%～0.02% 浓度范围内，可减少细胞中中性脂肪蓄积。添加葡萄柚油 60 min 后，细胞内 cAMP 浓度明显升高，且代表脂肪合成功能的 GPDH(甘油磷酸多氢酶)活性受到抑制。上述结果表明，葡萄柚油抑制中性脂肪蓄积的作用可能与介导细胞信号转导系的分化抑制和中性脂肪合成抑制等机制有关。

（2）在食品行业的应用

① 食用香精香料 d-柠烯可作为修饰剂用于柠檬、白柠檬、橙香、果香及辛香等香型的配方。柠檬烯还可在软饮料、糖果、烘烤食品、果冻和布丁、口香糖等食品中直接使用。

② 在低脂巧克力中应用 低脂巧克力制作中所面临的问题是如何在保持巧克力原有品质和风味的同时降低脂肪含量。减少脂肪含量的普遍方法是使用脂肪替代物，但这样往往会使巧克力产生不愉快的口味。研究发现，与同类低脂巧克力产品相比，添加柠烯或富含柠烯的精油到巧克力中，能使巧克力黏度更低并变得更加柔软、入口易化。另外，由于柠烯本身是一种天然香精香料，加入巧克力中能赋予愉快、清爽的柠檬样香气，从而提高巧克力的感官品质。

③ 香料合成工业 柠烯可以合成香芹酮、二氢香芹酮、高薰衣草醇、薄荷醇、香芹薄荷醇等几十种香料。

（3）在化工行业的应用

① 纯溶剂替代 d-柠烯目前首选用于替代混合溶剂配方中的有毒溶剂，如二甲苯、乙二醇、甲基乙基酮、氟氯氧化物等。

② 普通清洗剂 含有d-柠烯的水基系统清洗剂，以其低价和环境在欧美非常流行，最适合清洗除去滚筒和印刷机上的油墨和胶体。高浓度d-柠烯对油墨、油脂、油漆、焦油、泡泡糖和沥青都有效，如加入含酶剂可除血渍，加入低浓度酸类可除铁锈、咖啡和茶渍等，还可以用来生产除油除脂的织物助剂。

③ 电子清洗剂 用在电路板和电子元器件的清洗上。

④ 油漆涂料行业 作为生产油漆涂料的主要原料，生产天然环保的油漆涂料。

⑤ 泡沫聚苯丙烯塑料回收 利用d-柠烯与聚苯丙烯良好的相溶性，可以利用d-柠烯回收泡沫聚苯丙烯。

⑥ 家化行业 可直接作为溶剂和调香剂制作家用清洗护理产品（洗手液、地板清洁剂、地毯除污剂、厨房除油剂、气雾剂、芳香剂等）。

（4）在农业上的应用 由于d-柠烯具有快速挥发和渗透性，可作为溶剂与菊酯类调配成杀虫剂。该杀虫剂对各种作物上的鳞翅目、鞘翅目、半翅目、膜翅目等农业害虫均具有杀灭作用，可大量减少有机磷及化学农药在农业生产上的使用。与常规化学农药相比具有毒性低、残留低等特点，见效速度均快于目前国内生物农药并能与化学农药媲美，对保护生态和人类健康意义重大。

（三）柠烯的分离及高浓香基的分离纯化

根据柑橘精油中含氧化合物分子量与萜烯类化合物差别，且易形成氢键沸点较高特点，项目组对柑橘精油进行减压蒸馏纯化工艺的研究，纯化获得含柠烯 90%以上的精油，以及柑橘精油香味成分即柑橘精油中含氧化合物，并对蒸馏出来的不同馏分进行分析及抗炎活性测试。

1. 柑橘皮原料油 GC－MS 分析结果 宽皮柑橘品种椪柑精油经分析 GC－MS 谱图如图 7－10 所示。

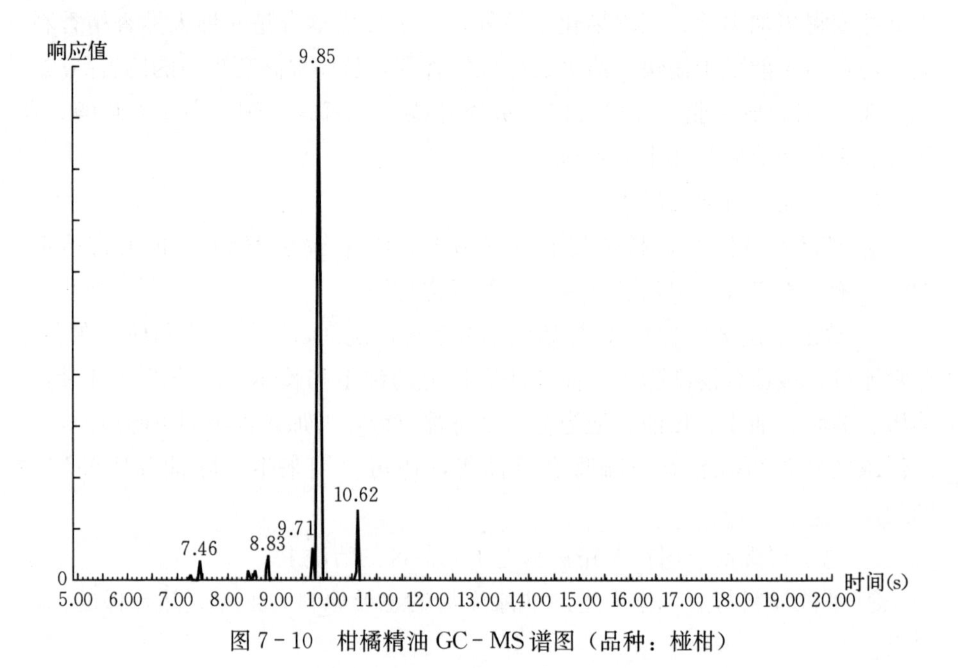

图 7－10 柑橘精油 GC－MS 谱图（品种：椪柑）

椪柑精油通过 GC－MS 分析法总共鉴定出 6 种化合物，如表 7－4 所示。

表 7－4 柑橘皮原料油的化学成分

序 号	保留时间（s）	化合物名称
1	7.26	α-水芹烯
2	7.46	3-蒈烯
3	8.57	β-蒎烯
4	8.83	β-月桂烯
5	9.85	d-柠烯
6	10.62	γ-松油烯

2. 各条件下减压蒸馏产物情况及其物理性质

由表 7-5 可以看出，温度为 90 ℃时柠烯含量最高，高于 90 ℃时，精油得率基本不变，柠烯含量反而逐渐降低，柠烯可能被氧化，所以选择 90 ℃为最佳蒸馏温度。

表 7-5 不同温度条件下减压蒸馏馏分得率与柠烯含量

温度（℃）	颜色及透明度	得率（%）	柠烯含量（%）
90	无色透明	82.06±1.24	98.50±1.14
100	无色透明	82.56±1.01	97.65±3.57
110	无色透明	83.24±1.31	96.24±1.72
120	无色透明	83.52±1.87	93.25±1.54
130	无色透明	83.57±1.14	89.55±2.31

（1）真空度对蒸馏结果影响　蒸馏温度为 90 ℃、蒸馏时间为 30 min 的条件下，考察真空度对蒸馏结果的影响，选择 3 000 Pa、2 500 Pa、2 000 Pa 条件下进行实验，结果见表 7-6。

表 7-6 不同真空度条件下减压蒸馏馏分得率与柠烯含量

真空度（Pa）	颜色及透明	得率（%）	柠烯含量（%）
3 000	无色透明	82.06±1.24	98.50±1.14
2 500	无色透明	82.45±4.05	91.25±3.75
2 000	无色透明	82.98±2.34	90.24±1.54

由表 7-6 可以看出，真空度为 3 000 Pa 时柠烯含量最高，再降低真空度，精油得率变化不大，柠烯含量反而逐渐降低，所以选择 3 000 Pa 为最佳蒸馏真空度。

（2）蒸馏时间对蒸馏结果影响　蒸馏温度为 90 ℃、真空度为 3 000 Pa 条件下，考察蒸馏时间对蒸馏结果的影响，选择 10 min、20 min、30 min、40 min、50 min、60 min 条件下进行实验，结果见表 7-7。

表 7-7 不同时间条件下减压蒸馏馏分得率与柠烯含量

时间（min）	颜色及透明度	得率（%）	柠烯含量（%）
10	无色透明	45.28±3.45	98.45±1.15
20	无色透明	75.69±3.75	98.59±1.21

（续）

时间（min）	颜色及透明度	得率（%）	柠烯含量（%）
30	无色透明	82.06±1.24	98.50±1.14
40	无色透明	82.75±0.75	98.45±1.24
50	无色透明	82.17±0.42	97.41±1.71
60	无色透明	82.25±0.85	97.75±1.27

由表7-7可以看出，蒸馏时间为30 min时柠烯含量最高，再增加蒸馏时间，得率基本不变，柠烯含量下降，且蒸馏时间过长，一些杂质可能会同时被蒸出，所以选择30 min为最佳蒸馏时间。

（3）柑橘原料油及蒸余油中含氧化合物百分含量测定　柑橘原料油在90℃、3 000 Pa减压蒸馏后，对蒸余油中含氧化合物的百分含量进行检测，结果如表7-8～表7-10所示。

表7-8　柑橘原料油中萜烯类百分含量（%）

萜烯名称	含量	萜烯总百分含量
α-水芹烯	0.39	88.25
3-蒈烯	1.07	
β-蒎烯	0.78	
β-月桂烯	0.64	
d-柠烯	80.54	
γ-松油烯	4.83	

表7-9　90℃、3 000 Pa蒸余油中萜烯类百分含量（%）

萜烯名称	含量	萜烯总百分含量
α-水芹烯	0.12	26.61
3-蒈烯	1.22	
β-蒎烯	0.34	
β-月桂烯	1.43	
d-柠烯	19.95	
γ-松油烯	3.55	

表 7-10　柑橘原料油及 90 ℃、3 000 Pa 蒸余油中含氧化合物含量（%）

样品名称	萜烯总含量	含氧化合物含量	蒸余油得率
柑橘原料油	88.25	11.75	—
90 ℃、3 000 Pa 蒸余油	26.61	73.39	15.42

根据表 7-10 可知，90 ℃、3 000 Pa 减压蒸馏后，含氧化合物百分含量达到 73.39%，比柑橘原油中的 11.75%提高 6 倍多，且含氧化合物的柑橘高浓香基得率达到 15.42%，香味成分得到了很好的浓缩。

（4）柑橘精油制备 90%柠烯柑橘精油及柑橘精油香精工艺路线　由以上研究可以看出，柑橘精油减压蒸馏获得柠烯及柑橘精油香精最佳工艺为：橘皮原料油先在真空度 5 000 Pa、温度 75 ℃的条件下，蒸馏 30 min，脱去一些杂萜烯类成分。再通过调节蒸馏温度至 90 ℃、蒸馏真空度 3 000 Pa、蒸馏时间 30 min，并于 20～25 ℃冷凝收集馏分获得含 90%柠烯柑橘精油（图 7-11）。

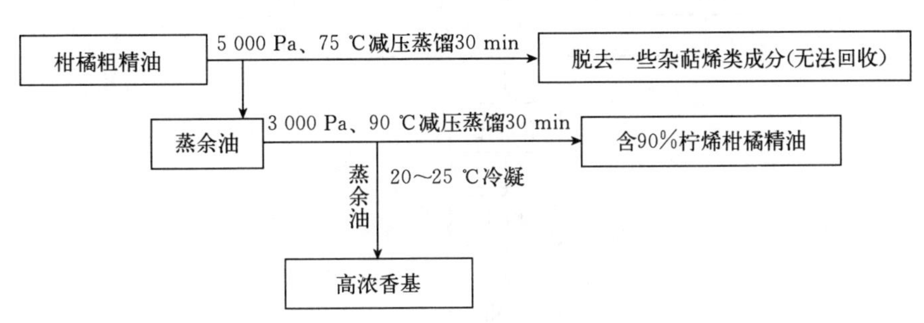

图 7-11　柑橘精油生产含 90%柠烯及柑橘高浓香基工艺流程

3. 结论　柑橘精油中主要是萜烯类及含氧化合物，其中主要成分为柠烯，香味成分为含氧化合物。经减压蒸馏后提取分离后柑橘精油中的柠烯得到提纯，香味成分含氧化合物得到浓缩。柑橘皮原料油先在真空度 5 000 Pa、温度 75 ℃条件下，蒸馏 30 min，脱去一些杂萜烯类成分；再通过调节蒸馏温度至 90 ℃，蒸馏真空度 3 000 Pa，蒸馏时间 30 min，并于 20～25 ℃冷凝收集馏分获得精制含 90%柠烯柑橘精油，得率为 82.06%，其中精油柠烯含量达 98.50%，比柑橘原料油提高 17.96%，精油对光、酸和高温均很稳定且抗炎活性好。而90 ℃、3 000 Pa 蒸余油中含氧化合物的香味成分含量为 73.39%，比柑橘原料油浓缩 6 倍多，得率达 15.42%。因此，90 ℃、3 000 Pa 减压蒸馏为纯化柑橘精油最佳工艺条件。

四、橘油乳化香精的制作技术

（一）配方

目前乳化香精的制作已采用纯胶代替原来的阿拉伯树胶的乳化稳定剂，其典型的配方为纯胶 12.0%、油相混合物 12.0%、柠檬酸 0.3%、苯甲酸钠 0.1%、水 75.6%。

（二）工艺流程

橘油乳化香精的生产工艺流程如图 7－12 所示。

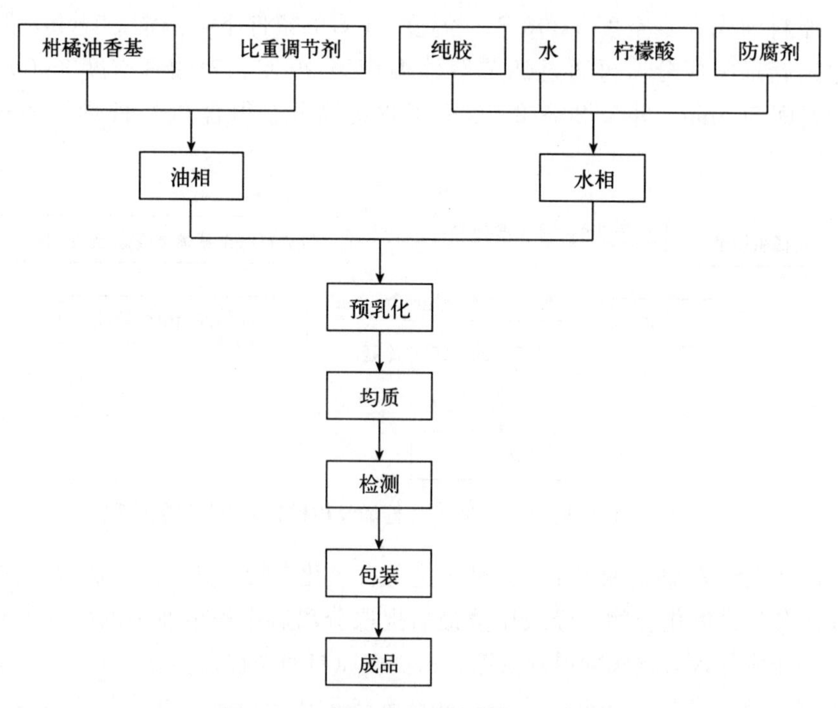

图 7－12　橘油乳化香精制作工艺流程

（三）操作要点

1. 油相配制　将香精油与比重调节剂按比例混合，比重调节剂有氢化松香酸甘油酯（SE）等。氢化松香酸甘油酯俗称酯胶，相对密度 1.0～1.16，限制用量为 0.1 g/L。

2. 水相配制　先将纯胶溶解在水中，再加入防腐剂、柠檬酸等水相混合后，按比例调节好水量。

3. 预乳化　将油相与水相混合，用转速为 5 000 r/min 左右的乳化机乳化 15 min 左右。

4. 均质　将乳化液过 60 MPa 的均质机均质 2 次。

5. 检测　将均质后的乳化香精进行稳定性质量检测。

6. 包装　检测合格后用食用塑料桶包装，即为成品。

第八章　柑橘果胶

一、概述

柑橘是目前工业提取果胶的主要原料，柑橘果实的果皮（黄皮层、白皮层）、囊衣、中心柱及种子外层等都含有大量的果胶，以白皮层果胶含量最高。在柑橘属内，不同种类间果胶的含量及质量差异较大，以莱姆、柠檬最优，橙类次之，宽皮柑橘居后，这点从果皮白皮层的厚度与致密程度也可以看出。

果胶作为一种天然提取物，世界上所有国家都允许使用果胶在食品中应用。FAO、WHO、食品添加剂联合会及我国的食品添加剂法规，都推荐果胶为不受添加量限制的安全食品添加剂。

果胶在食品加工中具有良好的胶凝、增稠、稳定、乳化和悬浮功能。果胶已广泛应用于果酱、果冻、水果制品、糖果、焙烤、果汁饮料、酸奶饮料及酸奶和冷冻食品等产品加工中。

二、果胶的结构与分类

果胶分子是一条由α-1,4糖苷键连接起来的半乳糖醛酸主链构成。相对分子质量最高可高达200万，相应的聚合度超过1 000单位。酯基是半乳糖醛酸主链上最主要的成分，此外还有乙酰基、酰胺基。果胶分子结构如图8-1所示。

图8-1　果胶的分子结构（R为OH、OCH_3或NH_2）

果胶分子中甲氧基含量或酯化的半乳糖醛酸单体占全部半乳糖醛酸单体的百分比称为果胶的酯化度。酰胺化果胶的酰胺化度则表示酰化的半乳糖醛酸单体占全部半乳糖醛酸的百分比。

酯化度和酰胺化度在很大程度上决定了低酯果胶的钙反应性能。实际上，酯化度和酰胺化度共同控制了低酯果胶的相对凝胶温度。因此，商业化低酯果胶可以分为快凝或慢凝，钙反应高或低。

用氨处理得到的含酰胺基的低酯果胶又称酰胺化果胶。

（一）高酯果胶（HMP）

高酯果胶是指 DE 值大于 50%的果胶。高酯果胶的酯化度决定了果胶的凝胶速度和凝胶温度，酯化度越高，凝胶温度越高，凝胶速度越快。

一般酯化度 68%～72%的果胶被称之为快速凝冻果胶，酯化度 63%～68%为中速凝冻果胶，酯化度 58%～62%为低速凝冻果胶，酯化度 53%～57%为特低速凝冻果胶。不同果胶的凝结速度可满足不同食品的工艺需求。

胶凝度（SAG 测定）：①纯果胶：柠檬类果胶，高酯 200～225、低酯125～135；橙类果胶，高酯 180～190、低酯 110～120；宽皮柑橘类果胶，高酯 150～170、低酯 100～105；②国际标准化果胶：高酯 150±5、低酯 100±5。

（二）低酯果胶（LMP）

低酯果胶是指 DE 值小于 50%的果胶。商业化低酯果胶一般是从含有高酯果胶的植物原料中生产出来的。采用温和的酸或碱处理，可将高酯果胶转化成低酯果胶。如果在碱脱酯过程中，使用氨水处理就能得到酰胺化低酯果胶，在酰胺化低酯果胶分子中，除了半乳糖醛酸和半乳糖醛酸甲酯外，还含有半乳糖醛酸酰胺。

（三）酰胺化果胶（ALMP）

酰胺化果胶是一种特殊的低酯果胶，高酯果胶在碱脱酯过程中，使用氨水处理就能得到酰胺化低酯果胶。在酰胺化低酯果胶分子中，除了半乳糖醛酸和半乳糖醛酸甲酯外，还含有半乳糖醛酸酰胺，其结构见图 8－2。

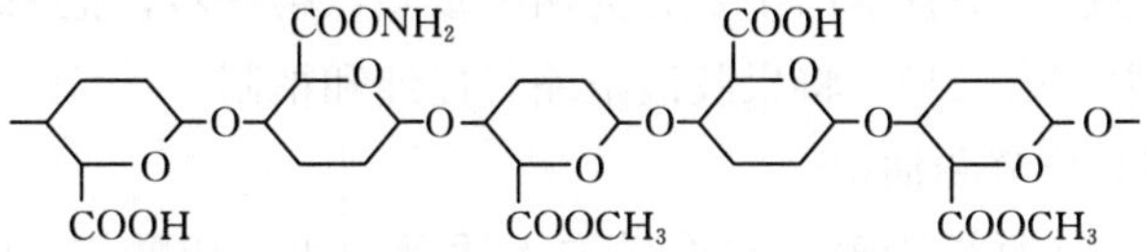

图 8－2　酰胺化果胶的分子结构式

与低酯果胶相比，酰胺化果胶形成的凝胶更加结实，除此之外，它还有高度的触变性，凝胶受剪切力作用可成为泵送流体，特别适用于带果肉酸奶生产。在低固形物含量下（20%），槐豆胶与低酯果胶复合可改进凝胶组织感。由此可以看出，ALMP在胶凝时有着显著的优势。

ALMP由于用量较低往往更经济，适当调整钙量，可以形成高剪切可逆性、泵送黏度较低的水果悬浮饮料。

（四）低分子果胶（LMCP）

低分子柑橘果胶是从柑橘中提取的果胶经水解降酯后生成的一种水溶性的纤维多糖。目前国际上还没有统一的LMCP产品标准。LMCP主要通过pH修饰法及高温处理法制得。

国外研究报道显示，将LMCP与食物一起食用可明显降低Ⅱ型糖尿病患者的血糖及血脂水平；LMCP有改善大鼠肥胖及降低高血脂水平的作用；LMCP可作为一种温和安全的螯合剂来排除体内重金属毒素并且没有任何毒副作用；LMCP有抗癌作用，研究表明，某些癌细胞表面有特定的蛋白质分子半乳凝素-3（GaLectin-3），LMCP能与GaLectin-3中半乳糖分子结合，使这些肿瘤细胞不能黏附到其他细胞，防止癌细胞的扩散。另有研究表明，LMCP对实体瘤的产生有明显抑制作用。

三、柑橘果胶的生产工艺

（一）高酯果胶的生产工艺

1. 原理与方法

（1）原理　果胶在植物体内一般以不溶于水的原果胶形式存在，在果蔬成熟过程中，原果胶在果胶酶的作用下逐渐分解为可溶性果胶，最后分解为不溶于水的果胶酸。在生产果胶时，原料经酸、碱或酶处理，在一定的温度条件下分解形成可溶性果胶，然后在果胶液中加入酒精或多价金属盐类，使果胶沉淀析出，经漂洗、干燥和精制而成商品。

（2）生产方法　果胶生产主要分为两个步骤：第一步，把果胶从原料中分解出来溶于水中；第二步，将果胶液浓缩、提纯和精制。

① 原果胶的分解和抽提

a. 酸解法　将原料粉碎、漂洗后加入适量的水，用酸将pH调至2.0左右，80～90℃加热抽提45 min左右，则大部分果胶都被抽提出来。所用的酸可以是硫酸、盐酸、磷酸等。为了改善果胶成品的色泽，也可使用亚硫酸。

b. 微生物法　将原料加入 2 倍重量的水，再加入微生物，在 30 ℃左右发酵15～20 h，利用酵母产生的果胶酶，将原果胶分解出来。

c. 离子交换树脂法　将经粉碎、洗涤和干燥后得到的干橘皮碎屑，加入30～60 倍的水，同时，按橘皮重量的 10%～50%加入离子交换树脂，调 pH 至 1.3～1.6，65～ 95 ℃加热 2～3 h，过滤得到果胶液。

② 果胶液的浓缩、干燥和提纯

a. 喷雾干燥法　将果胶液通过喷雾干燥器，在 120～150 ℃瞬时雾化干燥而得成品。用本法生产的果胶往往纯度不高，质量较差。

b. 溶剂沉淀法　在果胶液中加入酒精，使混合物酒精浓度达到 45%～50%，使果胶沉淀析出，将析出的果胶块经压榨、洗涤、干燥和粉碎后便得到成品。也可用异丙醇等其他溶剂代替酒精。本法得到的果胶质量好、纯度高，但生产成本较高，溶剂的回收也比较麻烦。

c. 多价金属盐沉淀法（盐析法）　目前生产上广泛采用，此法具有生产成本低、果胶质量较好等优点。具体方法是在果胶液中加入一定量的 $MgCl_2$、$CuCl_2$ 或 $AlCl_3$ 等，然后用氨等调节 pH 到 4 左右，使之形成碱式金属盐；此碱式金属盐与果胶形成络合物沉淀出来，再经过脱盐漂洗和干燥得到果胶成品。

d. 超滤膜法　将果胶液用超滤膜在一定的压力下过滤，使小分子物质和溶剂滤出，从而使大分子的果胶得以浓缩、提纯。

2. 盐析法果胶提取工艺技术

（1）工艺流程　盐析法果胶提取工艺流程如图 8 - 3 所示。

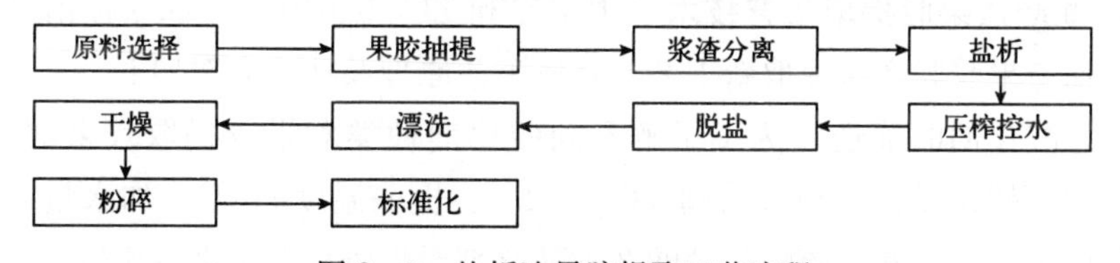

图 8 - 3　盐析法果胶提取工艺流程

（2）操作要点

① 原料的清洗　柑橘果皮切成直径 3～5 mm 的小块，经蒸馏提油后，送到清洗槽内，用清水漂洗，尽可能多地洗脱可溶性糖类及其他杂质。

② 果胶抽提　清洗后的原料被输送到木制（或陶瓷）抽提桶内，用 SO_2 或硫酸调节 pH 到 2.2 左右，然后用低压蒸汽喷射，在 95 ℃下保温 45 min 左右，经常搅拌，保证抽提均匀。

③ 浆渣分离　从抽提室泵出的浆状物经滚筒分离机将果皮渣分离，果皮

渣通常用作饲料加工原料，在果皮匮乏时，将果皮渣反复抽提 2～3 次。分离出的液体（含果胶 0.4 %～0.7 %）加硅藻土进行加压过滤，直至澄清，然后将这种澄清液在冷却塔或盘形交换器内冷却至 30 ℃。

④ 混合、沉淀、过滤、压榨控水、漂洗　为了保证产品的一致性，这种冷却果胶液在混合罐内进行混合调配。混合后的液体进入沉淀罐，加入 $AlCl_3$ 和 $NaHCO_3$ 溶液，强烈搅拌，直至 pH 调至 4 以下。在溶液 pH 到 3.5 时，铝盐水解为碱式盐，这种 $Al(OH)_3$ 胶体和果胶一起形成黄绿色沉淀物。沉淀物经滚筒式过滤器过滤使之与母液分离，废液用管道送到废料池。沉淀物在压榨机内用氯丁烯橡胶充气袋进行多次压榨，最后使果胶含水量在 85%～90%；压榨后的果胶块经粉碎后投入酒精罐漂洗，然后被泵至离心机脱去酒精。

⑤ $Al(OH)_3$ 的脱除　经漂洗后的果胶被送到酸化酒精罐，罐中由 55%的酒精、6.5%的盐酸和 38.5%的水组成，pH 约为 1.0。在酸化酒精中，果胶从络合沉淀物（果胶和氢氧化铝）中被提取出来。

⑥ 冲洗　分离出的果胶又在一系列的洗涤器中用酸化酒精冲洗 7 次以上，以便除去变色物和杂质，最后一次用经氨调节后 pH 为 4 的新鲜酒精冲洗，然后控干。

⑦ 干燥　控水后的果胶（含水量约为 60%）被送到带有搅拌器的间歇式真空干燥机中进行干燥。温度 77 ℃，时间 3 h，使果胶的含水量下降至 7%～10%。

⑧ 粉碎　将干燥后的果胶用榔头式粉碎机将物料粉碎至通过 60 目筛网。

⑨ 标准化　将每次生产的果胶测定级别，经计算后进行混合，胶凝度过高可以添加白砂糖粉，混合后达到标准化商品。

3. 联产法果胶提取工艺技术　中国专利 ZL 201010190945.6 提出了一种柑橘精油与果胶联产法提取新工艺。具体工艺原理及技术方案如下。

（1）酸化剂的筛选　为了了解不同酸化剂种类对果胶提取效果的影响，图 8－4 在提取时间 30 min、提取液 pH 2.0、提取温度 95 ℃、加水量 4 倍的同等条件下，用盐酸、硫酸与硝酸 3 种酸化剂对果胶提取率进行比较。

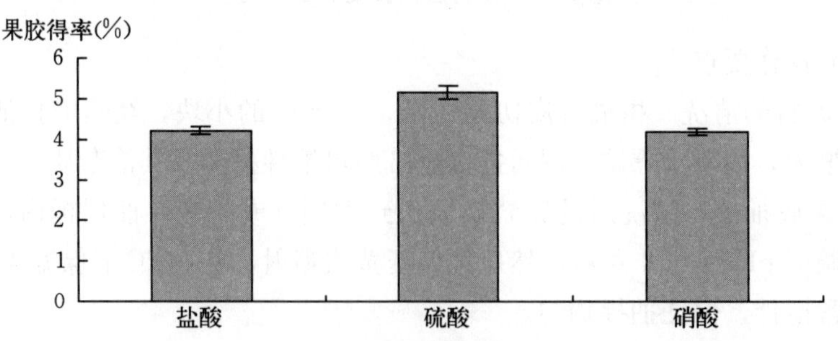

图 8－4　不同酸化剂种类对果胶提取得率的影响

从图中可以看出，盐酸与硝酸的提取得率相仿，而硫酸的提取得率则明显高于盐酸与硝酸。究其原因，应该是硫酸在提取过程中解离原果胶酸钙中的 Ca^{2+} 后，其 SO_4^{2-} 快速与 Ca^{2+} 形成溶解度较低的硫酸钙，能迅速降低提取液中的 Ca^{2+} 浓度，消除 Ca^{2+} 对果胶的“屏蔽”作用，从而提高果胶的提取率。而硝酸、盐酸中的 NO_3^- 、Cl^- 与 Ca^{2+} 不会形成沉淀，所以提取液中的 Ca^{2+} 浓度较高，部分 Ca^{2+} 重新与果胶结合，从而干扰果胶的提取，降低果胶的提取得率。

（2）果胶提取工艺数据优化　果胶提取工艺的关键参数包括提取温度、提取时间、pH 及加水量。通过正交试验，以果胶取得率为评判指标，以提取时间 30 min、加水量为 450%、提取液 pH 2.0、提取温度 90 ℃时果胶提取率为最高。

（3）添加二氧化硫对果胶色泽的影响　适量添加二氧化硫能明显提高果胶的色泽（图 8－5）。

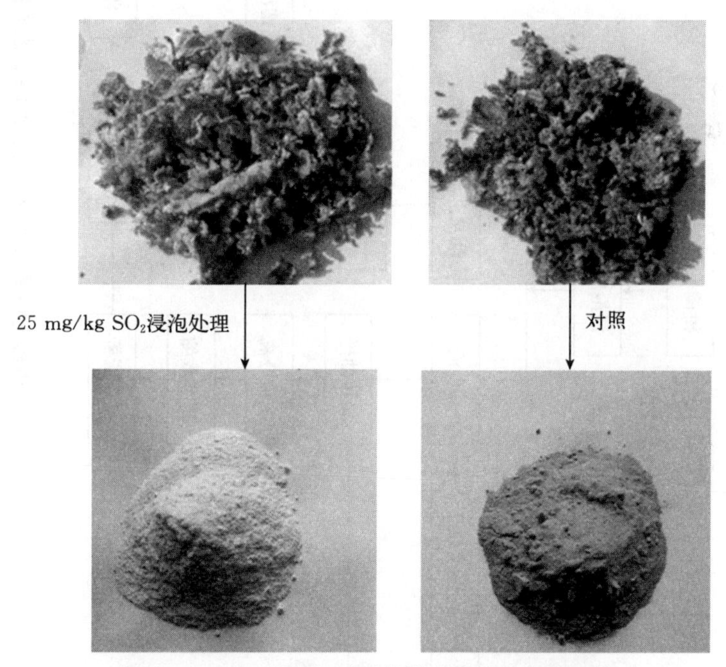

图 8－5　SO_2 处理与对照的果皮及果胶色泽比较

（4）工艺流程　联产法果胶提取工艺及设备流程见图 8－6 和图 8－7。

（5）操作要点

① 原料处理　原料要求新鲜、洁净、无腐烂、无杂质。

a. 硬化液的配制　按氯化钙 0.5%、焦亚硫酸钠 0.05%的比例，配制好硬化液。硬化液可重复使用，生产中应经常检测氯化钙的浓度，浓度不足时予以补充。

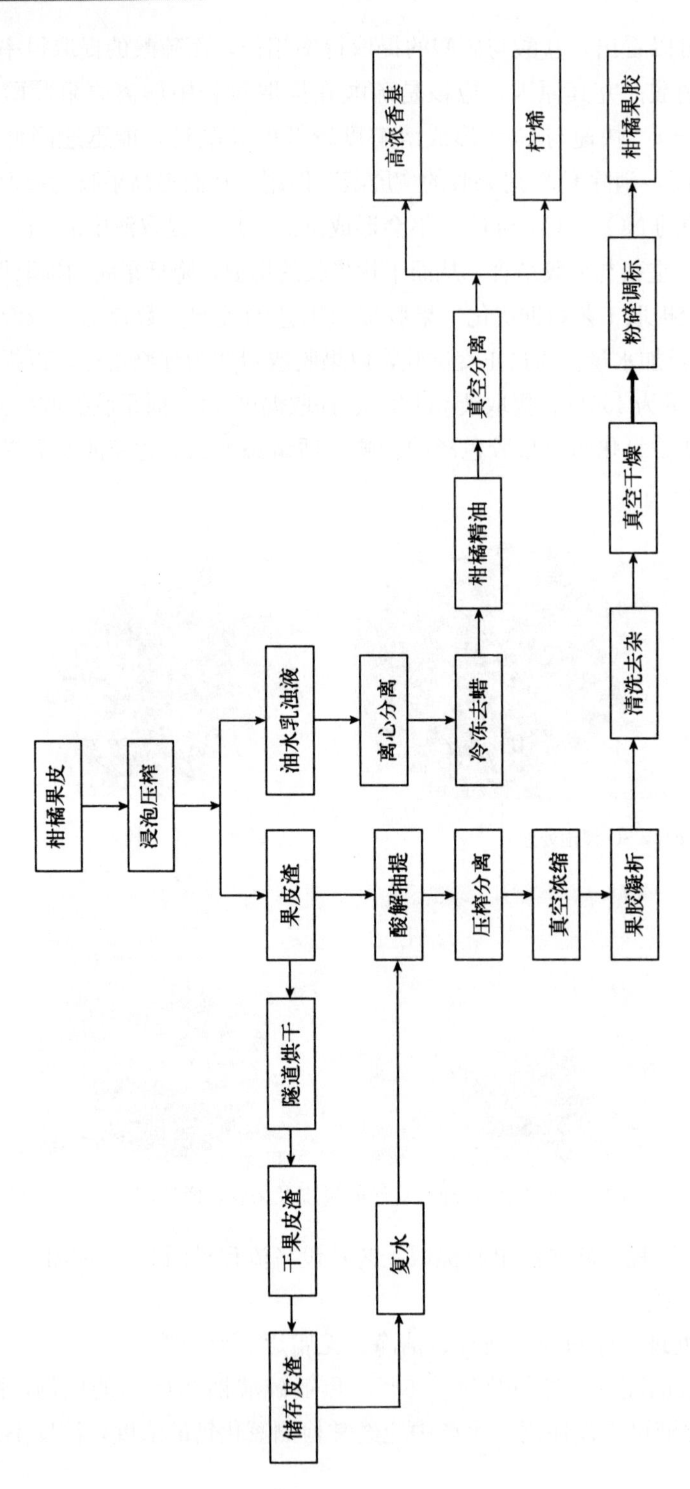

图8-6 柑橘皮精油与果胶绿色联产法工艺流程

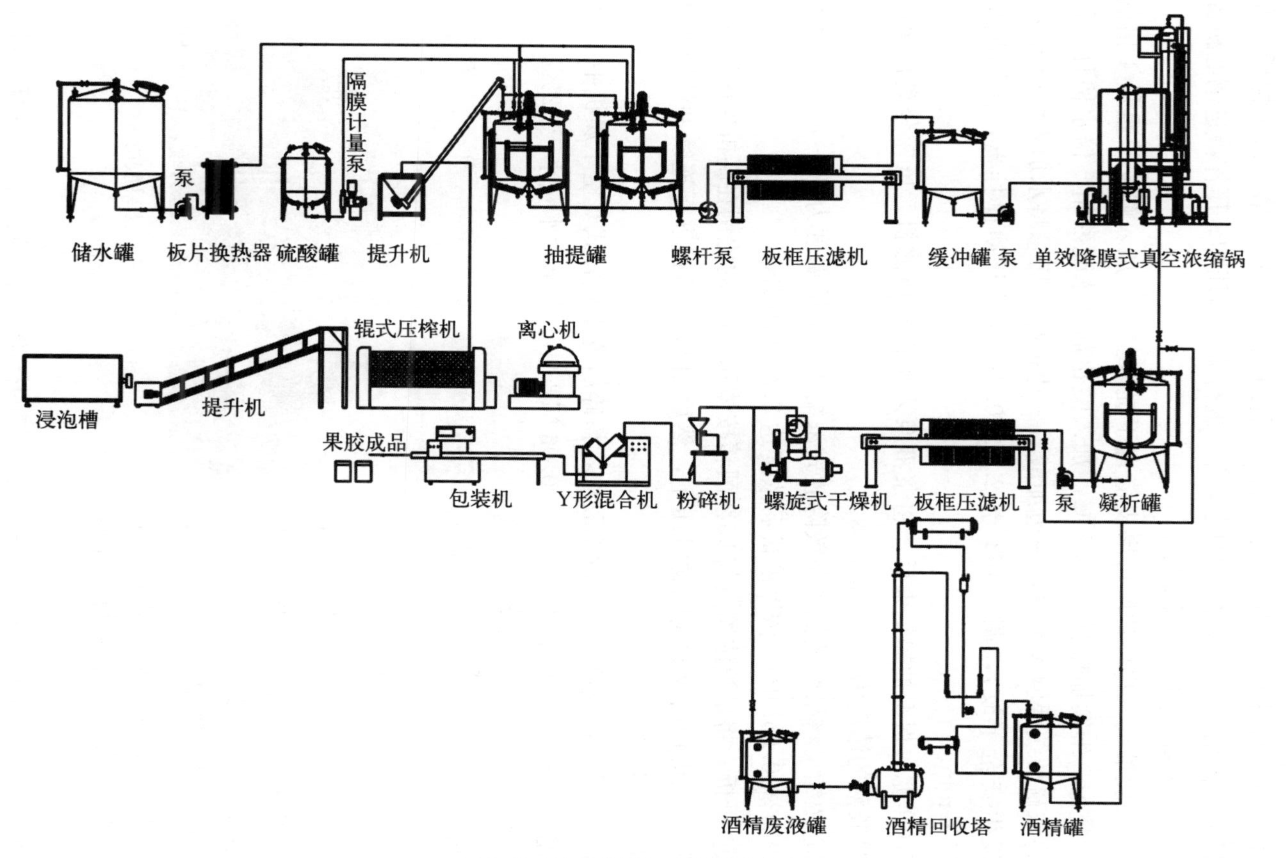

图8-7　联产法果胶生产设备流程

b. 柑橘皮浸泡　将果皮与硬化液按重量约 1∶2 的比例投入连续式不锈钢浸泡槽中，循环浸泡 3～5 h。

② 压榨　硬化后的柑橘皮用三辊式压榨机进行压榨，第一道压榨后，在输送带上喷淋清水，让果渣充分吸胀后，进行第二道压榨。压榨液进离心机提取精油，压榨渣用于提取果胶。

③ 果胶抽提　将榨油所得果皮渣置于提取釜内，加入鲜皮原重量 4 倍的沸水，搅匀，继续加热至 90～95 ℃，加入酸化剂（浓硫酸用 5 倍水稀释，稀释时将浓硫酸缓缓倒入水中，一边加酸，一边搅拌；切忌将水加入浓硫酸中，以防发生安全事故），调整 pH 至 2.0±0.2；然后开动搅拌器，保温抽提（35±5）min。

④ 压滤　保温抽提结束后，将浆液泵入板框式压滤机，压榨分离得果胶液。果胶液的浓度为 2.5～3.0°Bx。

⑤ 浓缩　将果胶液倒入单效降膜式浓缩机，浓缩温度为 65～70 ℃、真空度为 0.03～0.05MPa。浓缩液最后浓度达 8.5～9.0°Bx。

⑥ 凝析　将果胶浓缩液与 95%酒精按体积 1∶1 的比例在凝析罐中进行混合凝析，凝析物用板框式压滤机压干，然后用 95%酒精进行连续冲洗至基本无色，重新压干。

⑦ 干燥　将脱色后压干的果胶块，粉碎后置于旋转式真空干燥机中干燥，干燥温度为 65 ℃、真空度为 0.05～0.06 MPa，干燥至含水量小于 12%。

⑧ 粉碎　然后经高速多功能粉碎机粉碎，过 60 目筛，得果胶半成品。

⑨ 半成品检测　按照 GB 25533 的规定测定干燥减量、二氧化硫、酸不溶灰分、总半乳糖醛酸及铅的含量；按照 QB 2484 中附录 A 的规定测定胶凝度，胶凝度测定仪采用国际果胶联合会制造的 SAG 法果胶凝胶强度测定仪（图 8-8）。

图 8-8　SAG 法果胶凝胶强度测定仪

⑩ 标准化、储藏　按照胶凝度 150 级的标准进行果胶混配，胶凝度过高，可以添加蔗糖粉，以实现标准化。将标准化的产品置于低温干燥处储藏。

（6）指标的测定　果胶品质主要参照 GB 25533 的规定进行测定与评价，

胶凝度和灰分指标参照 QB 2484 的相关规定方法进行测定与评价。

表 8－1 是联产法与传统法（直接从未经氯化钙硬化、未提取柑橘精油的果皮中提取果胶）果胶提取得率与质量的比较，从表 8－1 中可以看出，联产法与传统法制得的果胶质量差异不大，但联产法果胶得率比传统法提高很多。得率提高的主要原因有以下几个方面：第一，传统法有一道果皮漂洗工艺，其目的是尽可能脱除果皮中的糖类、柠檬酸盐等可溶性物质，以提高果胶成品的纯度、色泽等质量指标，但此工艺会造成果皮切口附近的原果胶流失，影响果胶产量。而联产法没有漂洗工艺，经辊式双道压榨时，其果皮中可溶性物质基本被压出，而原果胶已被 Ca^{2+} 固化，不会造成流失。第二，联产法果皮由于经过硬化处理，经双道辊式压榨后，其果皮很容易形成碎粒状，其与酸液接触的提取面积大大超过传统法，故果胶的提取比较完全，这是联产法果胶得率提高的主要原因。第三，联产法采用硫酸作为酸化剂，比传统法中的盐酸具有更好的“钙屏蔽”效果，也有助于提高果胶提取得率。

表 8－1　两种提取工艺果胶得率及品质的对比

项　目	平均得率（%）	胶凝度（度）	半乳糖醛酸含量（%）	灰分（%）	酸不溶物（%）	二氧化硫（mg/kg）	含水量（%）
标准		150	≥65	≤5.0	≤1.0	≤50	≤12
传统法	4.4	153	88.1	1.96	0.01	6.7	6.01
联产法	5.1	157	88.3	3.58	0.21	6.4	6.22

注：胶凝度、灰分指标参照 QB 2484，其他指标参照 GB 25533。

联产法果胶中灰分与酸不溶物含量大于传统法，经分析是联产法中产生的硫酸钙在果胶清洗工艺中的残留，但灰分的含量在《食品添加剂　果胶》（QB 2484）5.0%的允许范围之内，酸不溶物的含量在《食品安全国家标准　食品添加剂　果胶》（GB 25533）允许量 1%范围之内。联产法与传统法果胶的其他质量指标无明显差异。

（二）低酯果胶的生产工艺

1. 酸法　将高酯果胶提取液的 pH 调节至 0.3、温度 45～50 ℃、处理时间 10～12 h，将酯化度处理至低于 50%，用醇或钙盐凝析，最后脱盐、脱色、洗净、烘干。

2. 碱法（包括氨法） 用 NaOH 溶液将高酯果胶液的 pH 调节至 8.5～10.0、温度控制在 35 ℃左右，反应时间约 1 h，脱甲氧基完成后，用盐酸将 pH 调节到 5.0，再用醇或二价金属离子凝析，分离后用酸化酒精进行脱盐、脱色，然后洗净、烘干。

用氨将高酯果胶液的 pH 调节到 8.5～12.0，可获得酰胺化果胶。徐俊等报道了以柑橘果皮为原料，确定 ALMP 制备工艺的最佳参数和条件是：用氨调节 pH 为 11.5、温度 20 ℃，反应时间 5 h。

3. 酶法 采用果胶酯酶，能有效去除果胶链上的甲氧基，酶的用量由商品酶的活性所决定，处理温度为 50 ℃左右。

（三）罐头生产废水中低分子果胶的在线提取工艺

我国目前柑橘罐头年平均生产量为 40 万 t 左右，是我国重要的创汇农产品，对我国柑橘产业健康发展起到举足轻重的作用。

柑橘罐头加工业是一个高耗水行业，每吨罐头加工耗水量 50 t 左右，以年产柑橘罐头 40 万 t 计，每年产生的废水就近 2 000 万 t，处理这部分废水需大量的人力物力。而废水中最难处理的就是橘瓣酸碱处理去囊衣的废液，这部分废液中含有约 0.15%的低分子果胶及其他有机物，如能将这部分低分子果胶回收利用，将大大降低废水中有机物含量，减少废水处理成本，同时能产生良好的附加效益。

柑橘罐头加工都需经过酸碱处理去囊衣这一道工序，柑橘囊衣中的原果胶经过高浓度酸、碱溶液长时间的浸泡，原本天然的高分子果胶分子量已大大降低，成为低分子果胶。而目前这部分宝贵的低分子果胶不但没得到利用，反而增加了污水处理负担。为此，开发从柑橘加工废液中提取低分子果胶工艺技术，既能变废为宝，获得高质量的低分子果胶，又能为企业解决废水处理的大难题。

1. 工艺流程 从柑橘罐头加工废液中提取低分子果胶的工艺流程及设备配置如图 8-9、图 8-10 所示。

2. 操作要点

（1）中和 将柑橘去囊衣的酸液与碱液在中和池内混合，将混合液的 pH 调整至中性。

（2）粗滤 将混合液用 80～120 目的滤网过滤，去除橘络及囊衣碎片等粗大杂质。

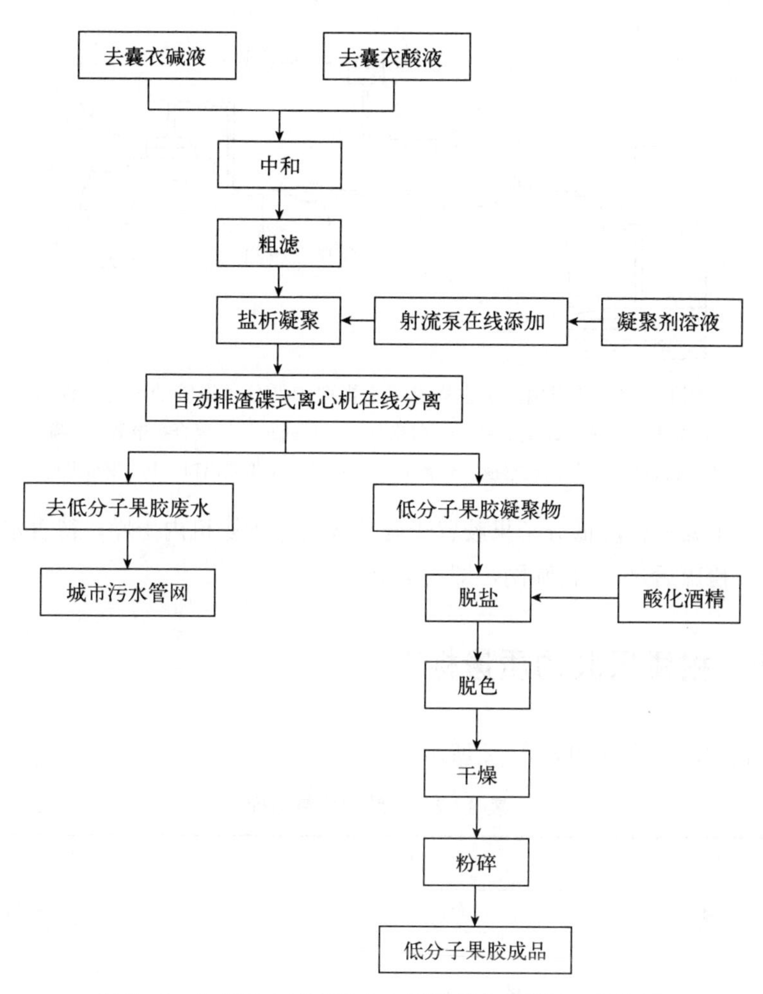

图 8-9　从柑橘去囊衣废水中提取低分子果胶工艺流程

(3) 添加凝聚剂　凝聚剂选用二价金属盐如氯化钙等，用射流泵按凝聚剂固体质量占柑橘罐头废液质量总量 0.03%～0.08%的比例添加；并经安装在管道中的混流器使其与废液充分混合，促使低分子果胶快速凝聚。

(4) 离心　凝聚后的低分子果胶液经自动排渣碟式离心机将低分子果胶盐凝聚物分离。

(5) 脱盐　将低分子果胶盐凝聚物用 pH 为 1.8～2.2、55%～65%的酒精溶液脱盐。

(6) 脱色　用 85%～95%的酒精溶液冲洗脱盐低分子果胶 4～6 遍，使低分子果胶脱去杂色。

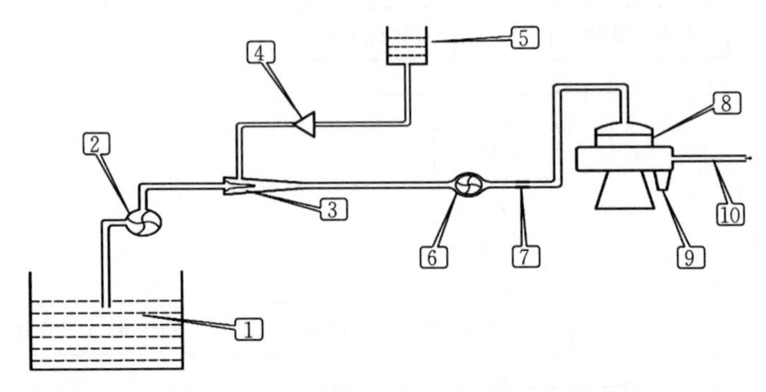

图 8-10　从柑橘罐头去囊衣废水提取中低分子果胶的工艺流程

1. 中和缓冲池　2. 离心泵　3. 射流泵　4. 单向阀　5. 复合凝聚剂储存罐

6. 混流器　7. 管道观察镜　8. 离心机　9. 低分子果胶出口　10. 废水出口

（7）干燥　将湿低分子果胶置于旋转式真空干燥机内干燥，待含水量小于12％时，粉碎后过 60 目筛网，即为成品。

四、柑橘果胶的质量标准

果胶的质量指标如表 8-2 所示。

表 8-2　果胶的质量指标

类　别	项　目		要　求
感官指标	色泽		白色、淡黄色、浅灰色或浅棕色
	形态		粉末
理化指标	干燥减量（％，w/w）		≤12
	胶凝度	高酯果胶	150±5
		低酯果胶	100±5
	二氧化硫（mg/kg）		≤50
	酸不溶灰分（％，w/w）		≤1
	总半乳糖醛酸（％，w/w）		≥65
	酰胺化度（仅限酰胺化果胶）（％，w/w）		≤25
	铅（Pb）（mg/kg）		≤5
	（甲醇＋乙醇＋异丙醇）（％，w/w）		≤1.0

注：1. 干燥减量中干燥温度和时间分别为 105 ℃和 2 h；2. 胶凝度使用 SAG 法；3. 甲醇＋乙醇＋异丙醇仅限于非乙醇加工的产品。

第九章　其他功能性物质

一、概述

柑橘加工除主产品果汁与罐头外，经综合利用还能生产精油、果胶等加工副产品。据介绍，在巴西年加工 100 万 t 柑橘的加工厂，副产品的收入可达 2 500 万美元。巴西柑橘加工业非常成功的是有固定的柑橘生产基地，货源充足，加工季节长，品种优良。美国近年来柑橘产量约占商品水果总产量的 53%，但其中 73%用于加工，据报道，佛罗里达州的柑橘产量占美国柑橘产量的 68%，佛罗里达州把其产量的 90%用于加工。利用柑橘加工产生的废料之一——柑橘糖蜜可以生产发酵制品，佛罗里达州每年从柑橘糖蜜生产酒精约达 1 500 万 L，生产 1 L 酒精约需 3.9 kg 72 °Bx 柑橘糖蜜，发酵率为 17%，柑橘糖蜜的深加工就是发酵，稀释至 25°Bx 后，加入酵母发酵，然后蒸馏回收酒精。余下的废液浓缩后既可以当作动物饲料添加剂出售，又可以加回到柑橘果肉当中，加工干燥后用作家畜饲料。正因为美国、巴西等国柑橘加工副产品及某些特种产品的生产已有稳步增长，所以对柑橘产业的发展起到了重要作用。相比之下，我国柑橘产量尽管巨大，但大多数用于鲜食，加工用的柑橘数量并不多，且产品单一，利用率低，把柑橘皮、榨汁后的固形物都当废物抛弃；较多的柑橘加工厂，设备简陋、技术力量薄弱、综合利用率低，废料大部分被抛弃，既造成资源浪费，又污染环境。同时又没有固定的原料基地，加工季节短。近年来，国内报道过提取柑橘油、色素、果胶、橙皮苷、膳食纤维等，但多数终因产品单一、成本高昂而难于产业化。如果能通过柑橘资源的综合利用，实现柑橘加工过程中的零排放，则可彻底消除污染，保护环境，大大提高柑橘加工效益，使资源优势尽可能转变为经济优势。

柑橘加工废料（果皮、肉渣、种子）约占果实重量的 50%，在这些废料中绝大多数营养成分，特别是蛋白质的含量显著高于果汁。其中柑橘皮约占整个果重的 25%，因此柑橘果皮的综合利用对提高柑橘加工厂的经济效益和减少污染、保护环境都是十分有利的。除了在柑橘皮中提取精油与果胶之外，其他功能性物质，如类黄酮、柠檬苦素等含量也比较高。柑橘属中类黄酮含量非常丰富，易于分离，具有独特的药理学作用。在成熟的柑橘果实之中，类黄酮在果皮、果肉、果核中含量较高，而在果汁中含量较低，仅占全果的 1%～5%，这样柑橘经过榨汁之后，剩余的下脚料可以被综合利用，其综合利用方式之一是用于提取类黄酮等天然活性物质。国际上，对不同柑橘品种中的 60 多种类黄酮的提取、纯化及结构测定进行了研究，现在已转向对类黄酮的药理学以及其他应用方面的研究。而我国这方面研究还不多，许多加工下脚料未得到综合利用，因此，深度开发柑橘中极其丰富的类黄酮资源，研究其生理及药理学作用，对于柑橘深加工及其在医药、食品领域的应用，具有重大经济效益和社会效益。

二、橙皮苷

（一）简介

橙皮苷的分子式为 $C_{28}H_{34}O_{15}$。其结构式如图 9-1 所示。

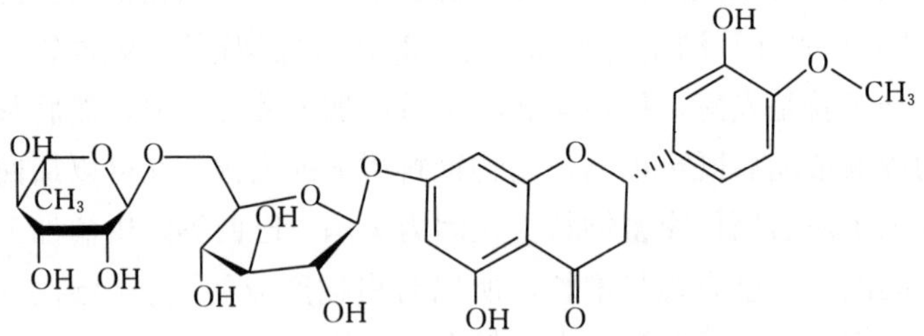

OH O CH₃ OH O O O CH₃ OH O OH OH OH OH OH O

图 9-1　橙皮苷的分子结构

橙皮苷成品为淡黄色结晶性粉末。熔点 258～262 ℃（252 ℃软化）。易溶于吡啶、氢氧化钠溶液，溶于二甲基甲酰胺，微溶于甲醇和热冰醋酸，极微溶于乙醚、丙酮、氯仿和苯，在乙醇或水中微溶，该品 1 g 溶于 50 L 水，无臭、无味。

橙皮苷存在于甜橙、酸橙、柠檬、宽皮柑橘、葡萄柚、莱姆及柑橘的树叶、树皮以及花中。1 个橙子约含 1 g 橙皮苷，1 t 柑橘皮渣、橘络和果浆残渣含有 4.08～4.54 kg 的橙皮苷。1 t 柑橘的下脚料（果皮、果肉等）可得到 7～8 kg 的橙皮苷。随着果实的长大和成熟，橙皮苷的含量明显下降。

（二）提取工艺

1. 工艺流程　橙皮苷的提取原理是它溶解于碱性的热水，而在酸性的冷水中可以沉淀析出。提取工艺流程如图 9-2 所示。

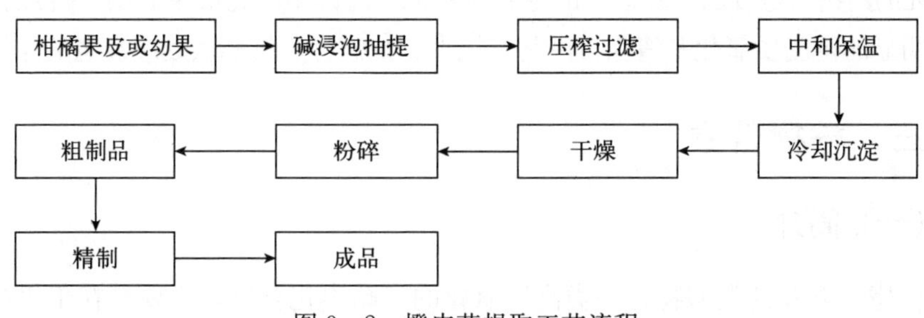

图 9-2　橙皮苷提取工艺流程

2. 操作要点

（1）原材料　橙皮苷的提取原料一般为柑橘幼果或果皮，亦可以用加工柑橘的废渣。

（2）石灰处理　将柑橘皮粉碎为细度约 5 mm 的碎块，洗净，在澄清饱和石灰水里浸泡 6～12 h，pH 保持在 11 以上。每批石灰水可浸泡三批原料，使其内部溶解有较多的橙皮苷。用石灰水而不用 NaOH 的目的在于防止果胶溶解，造成提取液黏度的急剧上升造成的过滤困难。提取之后，碱性的浆液用压榨和过滤来澄清。

（3）压榨、沉淀、过滤　浸泡混合物用压榨机压榨，得到粗滤液。粗滤液经静置沉淀 4～5 h，然后吸出上清液用精密压滤机过滤，得到透明的精滤液。

（4）中和、保温　将精滤液用盐酸调节 pH 至 4～5，在 60～70 ℃下保温 40～50 min。

（5）冷却、沉淀　将保温液冷却致室温，静置 24～48 h，使橙皮苷析出。

（6）分离　用虹吸法将母液与沉淀物分离，再用离心机将沉淀物中的多余水分去除，在 70～80 ℃的条件下热风干燥至含水量在 3%以下，得橙皮苷粗品。分离出的母液可通过浓缩再结晶 1 次。

（7）精制　将粗品溶解于含 0.2 moL NaOH 的 50%异丙醇的溶液中，制成 2%的溶液，再将 pH 调节至 4.5，静置 48 h 结晶，纯化的晶体进行过滤、干燥。重复上述过程，可得到大于 95%含量的产品。

3. 质量标准　橙皮苷成品为淡黄色粉末，一级品含量应大于 95%，二级品含量大于 85%，三级品含量大于 70%。

（三）实际应用

橙皮苷具有维持血液渗透压、增强毛细血管韧性、缩短出血时间、降低固醇等作用，在临床上用于心血管系统疾病的辅助治疗，可配制多种防止动脉硬化和心肌梗死的药物，是成药“脉通”的主要原料之一。许多研究成果表明，橙皮苷还具有明显的抗脂质氧化及清除自由基、抗炎、抗病毒、抗癌及延缓衰老的作用。

三、柠檬苦素

（一）简介

柠檬苦素及其类似物是一类高度氧化的三萜类化合物，主要存在于柑橘属和楝科植物体内，是一类柑橘生长的次生代谢产物，是柑橘类水果呈现苦味的主要原因，一般在柑橘属植物果实中富集，尤以种子中浓度最高。纯品白色、味苦，结晶状。其分子式为 $C_{26}H_{30}O_8$，其分子结构如图 9－3 所示。

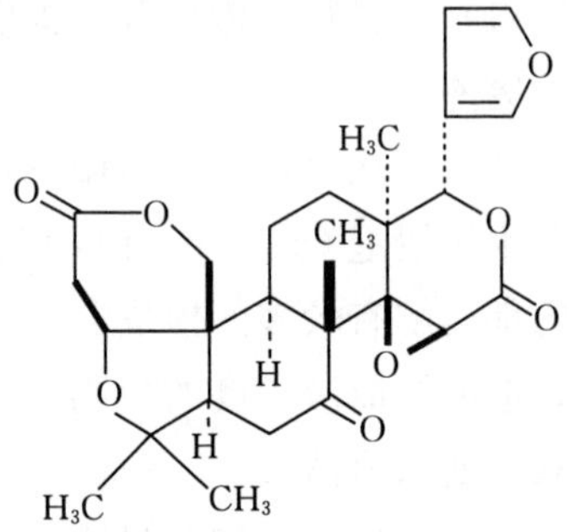

图 9－3　柠檬苦素分子结构

至今已从柑橘属植物中分离出 37 种柠檬苦素类化合物的苷元和 17 种配糖体。苷元又可以分为柠檬苦素 A 环内酯和 D 环内酯两种类型，在完整的果实中含有大量的柠檬苦素 A 环内酯，此物质在酸性条件下会很快转变成为 D 环内酯，该反应由于柑橘中存在柠檬苦素 D 环内酯水解酶而得以加速，此为柑橘果汁发生后苦的原因。

（二）提取工艺

柑橘果实中柠檬苦素类化合物比较多，而且不同种类的生长季节、不同组织其种类和含量也有所不同。所以针对不同目的、不同对象要选择适合的方法和条件进行提取。

1. 提取方法

（1）有机溶剂提取　这是目前国内外使用最广泛的方法，比较容易实现工业化生产，常用的有机溶剂有甲醇、乙醇、丙酮、乙酸乙酯等。在提取过程中，原料本身的性质，溶剂的性质及固液比、提取温度、时间、次数、原料与溶剂接触情况都可能影响提取的效果。

（2）超临界二氧化碳萃取法　超临界二氧化碳萃取法是一种利用流体（溶剂）在临界点附近某一区域（超临界区）内，与待分离混合物中的溶质具有异常相平衡行为和传递性能、且对溶质溶解能力随压力和温度改变而在相当宽的范围内变动这一特性而达到溶质分离的一项技术。与传统的溶剂浸提法相比，具有提取效率高、无化学溶剂残留、无污染、无异味、天然植物中活性成分和热不稳定成分不易被分解破坏等优点。同时还可以通过控制临界温度和压力的变化，来达到选择性提取和分离纯化的目的。

（3）其他提取方法 具体步骤如图 9－4 所示。

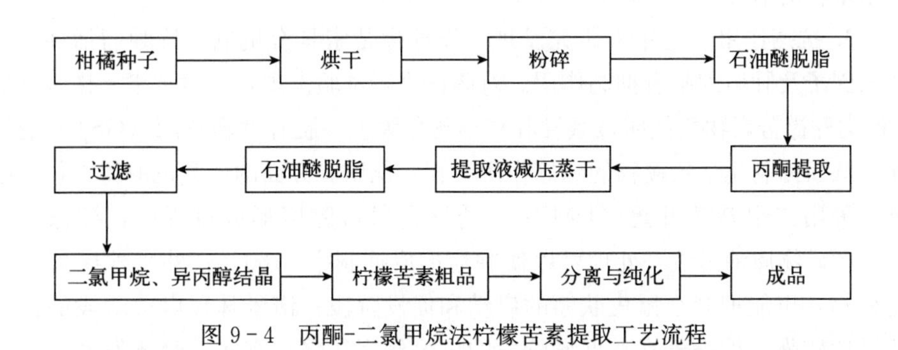

图 9－4 丙酮-二氯甲烷法柠檬苦素提取工艺流程

2. 分离与纯化 提取所得的粗提物，成分复杂，杂质较多，而作为药效学研究的受试药物必须是处方固定、生产质量稳定的试剂。所以须对粗制品进行提纯，常用的纯化方法有：离子交换法、柱层析法、大孔树脂吸附法、制备型高效液相法等。

3. 检测方法 近年来，柠檬苦素类似物的定量分析方法主要有分光光度法（UV）、薄层层析法（TLC）、HPLC－UV 法、HPLC－MS 法、毛细管胶束电色谱法和放射免疫测定法（RIA）。放射免疫测定法能检测低浓度的柠檬苦素，但这类方法可能导致柠檬苦素和其他无苦味类柠檬苦素发生交叉反应，对结果造成影响。另外，还有学者采用大气压化学电离（APCI）离子化技术和电喷射离子化（ESI）技术，利用反相 HPLC 系统可定量纳克级的柠檬苦素。

（三）实际应用

自 20 世纪 80 年代以来，类柠檬苦素被认作是一种具有高度生物活性的天然物质，在药理、除虫等方面的研究进展，使得这类物质的疗效和保健功能越来越受到人们的重视，其对食品、农业和人类健康有重要意义。

1. 作为特征化合物 可以利用柠檬苦素类似物作为化学分类学上的特征化合物，这在柑橘育种方面有重要意义。这是由于不同属或种柑橘所含的柠檬苦素类似物的种类不同，并可以成为特定品种的一种特征化合物。

2. 抗氧化活性 随着人们对天然产物抗氧化性的重视，越来越多的研究发现类柠檬苦素也具有很强的抗氧化性。有研究对柑橘中的11种活性物质进行抗氧化活性实验时发现，柠檬苦素和柠檬苦素苷对自由基的清除率分别为0.5%和0.25%。同时柠檬苦素还能够防止低密度脂蛋白的氧化。有研究表明，柠檬苦素和诺米林的抗氧化活性随柑橘组织和品种的不同而异，柠檬苦素和诺米林的活性是维生素C的2.9～3.8倍。

3. 抗癌作用 近年来研究发现，类柠檬苦素具有抗癌、抗肿瘤活性，对致癌因子及肿瘤细胞有抑制作用。对豚鼠进行试验发现，柠檬苦素、诺米林等5种类柠檬苦素物质能明显激发肝和小肠黏膜上谷胱苷肽转移酶（GST）的活性，从而抑制化学致癌物的致癌作用。在仓鼠试验方面的研究也取得类似的结果，采用二甲基苯并蒽（DMBA）诱导仓鼠口腔癌形成过程中，柠檬苦素（2.5%矿物质油溶液）处理可以使肿瘤形成抑制率达60%；外用柠檬苦素类化合物，也能抑制小鼠皮肤癌的启动和促发阶段；诺米林在启动阶段的抗癌效果比较强，柠檬苦素在促发阶段的抗癌作用较强。有些试验还发现，含有柠檬苦素类似物的葡萄柚汁能诱导鼠科动物产生抗癌类酶——醌还原酶的生成。

4. 镇痛、消炎作用 试验发现，通过给予小鼠100 mg/kg柠檬苦素，可明显减少小鼠舔足次数。同时，通过柠檬苦素类似物对乙酸通道的血管通透性、对缓激肽诱导的足肿胀反应以及对花生四烯酸诱导的耳肿胀进行的试验研究发现，柠檬苦素具有明显的镇痛和抗炎作用。

5. 抗焦虑和镇静作用 通过柠檬苦素类似物对小鼠的催眠试验研究发现，柠檬苦素、诺米林、奥巴叩酮等柠檬苦素类化合物均能延长小鼠的睡眠时间，其中化合物诺米林的镇静作用较强。

6. 抑菌活性 类柠檬苦素还具有明显的抑菌活性。有研究表明，三萜类化合物对真菌的抑制效果时发现，柠檬苦素、柠檬苦素酸和柠檬苦素醇等柠檬苦素类似物对落花生柄锈菌均具有一定的抑制效果。在这3种物质中，柠檬苦素的抑菌效果最强，柠檬苦素醇次之，诺米林酸最弱。柠檬苦素的浓度为7.3 $\mu g/cm^2$ 时的抑制率为67.7%，柠檬苦素醇的浓度为14.1 $\mu g/cm^2$ 时的抑制率为37.9%，当诺米林酸浓度为16.25 $\mu g/cm^2$ 时，抑制率仅为28.5%。

7. 防虫杀虫活性 柑橘柠檬苦素类似物（奥巴叩酮、诺米林、柠檬苦素）对昆虫表现防除活性。开发利用这些天然来源的柠檬苦素类似物生物防虫剂有很大意义。

8. 其他作用 柠檬苦素类似物除以上的生物学作用之外，还具有抗氧化

活性、抗病毒、抗菌、降低胆固醇、利尿、改善心脑血管循环及改善睡眠等作用，具有很好的保健功能。

此外，柠檬苦素的神经保护作用及减肥作用的研究也在进行。

四、辛弗林

（一）简介

辛弗林（synephrine）又名对羟福林、辛内弗林，为枳实提取物，交感醇。辛弗林的分子式为 $C_9H_{13}NO_2$，属于生物碱中的麻黄碱类，其结构式如下图 9-5 所示。

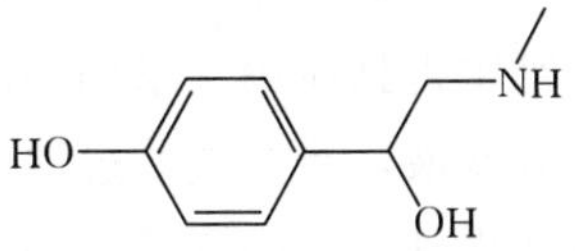

图 9-5　辛弗林分子结构

由于分子结构中同时存在酚羟基和氨基，因此辛弗林具有两性性质，与酸碱均能结合生成盐。游离的辛弗林易溶于有机溶剂，难溶于水；其酸式盐和碱式盐则易溶于水，难溶于有机溶剂；在强酸、强碱离子交换树脂层析分离时辛弗林易发生硝化作用。

辛弗林于 1927 年最先由德国科学家合成，随后陆续在许多植物的根、茎、叶、果中发现。辛弗林具有收缩血管、升高血压和较强的扩张气管和支气管的作用，近年来的研究发现，辛弗林能够提高新陈代谢、增加能量水平、氧化脂肪，是一种天然兴奋剂，无副作用，还具有一定减肥、抗抑郁作用。临床上主要用于治疗支气管哮喘及手术和麻醉时低血压、虚脱及休克、体位性低血压、食积不化、胃下垂等；另外它也是一种温和的芬芳除痰剂、神经镇静剂和治疗便秘的轻泻剂。因此，辛弗林广泛应用于医药、食品、饮料等保健行业。我国柑橘种植面积广阔，资源丰富，柑橘可成为具有工业化生产价值的原料。

（二）提取

近年来，一些新的具有代表性的提取辛弗林的方法和工艺出现，主要如下。

1. 阳离子树脂交换法　以酸橙为原料，以盐酸水溶液为提取剂，强酸性苯乙烯阳离子树脂为吸附剂、乙酸乙酯为洗脱剂提取，优化辛弗林提取工艺，该工艺的得率为 0.10%，辛弗林含量不低于 90%。还可以利用复合果胶酶从酸橙中提取辛弗林。可再进一步提高辛弗林的得率：称取酸橙粗粉适量，加 8 倍水。加入 0.8 单位的复合果胶酶，置于 42 ℃水浴 2 h 后，加热煎煮 3 次，保持微沸 30 min，过滤，合并煎液，浓缩，备用。

2. 水提醇沉离子交换法 取酸橙干切片净化、置于多功能提取器中加5倍量常水浸泡2 h后，加热煎煮，药液过滤，再用常水煎煮2次。每次1 h，合并3次药液，浓缩至稠膏状，趁热倒入3倍量的95%乙醇中，边加边搅拌，静置24 h后过滤。滤液回收乙醇。浓缩至每毫升相当于药材2 g，加1倍量蒸馏水洗至中性的732型阳离子交换树脂（用量为药材重量的25%，*v/v*）柱。有效成分被吸附于树脂上，然后用2%NaOH洗脱，用10%盐酸调整pH至7，浓缩，备用。

3. 膜法 酸橙干切片水煎液通常采用醇沉法澄清，但醇沉法生产成本高、周期长、安全性差。近年来，现代膜分离技术因其高效、节能等优势，在中药制剂中得到应用。采用Jw－I型陶瓷微滤膜装置，酸橙干切片经煎煮、过滤，合并滤液，经2次滤过滤膜得到的滤液样品通过HPLC检测发现，与水提醇沉法得到的样品含量相同。而且，陶瓷微滤膜有耐高温、耐酸碱及有机溶剂等特点，在中药水煎液进行澄清处理时，不用冷却即可直接过滤，可减少生产环节，节约成本。

（三）药理作用

1. 对心血管系统的作用 辛弗林为肾上腺素-受体兴奋剂，对心脏-受体也有一定的兴奋作用，有收缩血管、升高血压的作用。对大白鼠和小白鼠的腹腔注射试验结果表明，辛弗林仅能兴奋心血管的受体，故仅增加血浆和心肌中的GMP含量，而对cAMP含量无影响。

2. 对游离的胃平滑肌细胞的作用 利用Ⅱ胶原酶消化所得细胞悬液，用显微测微尺随机测量25～50个细胞长轴长度。细胞收缩活动变化以相对于对照细胞长度增加或缩小的百分比分数表示，结果辛弗林对胃平滑肌细胞的松弛作用较迅速，60 s内达到最高峰。在剂量为0.001～1 g/L时，对胃平滑肌细胞的松弛作用有逐渐增强的作用，呈剂量效应关系，辛弗林有拮抗乙酰胆碱的作用（$P<0.01$），加强酚妥拉明的作用。试验结论表明，辛弗林对胃运动具有调节作用。主要通过平滑肌细胞膜上的乙酰胆碱受体、肾上腺素α受体、5－HT受体调节，以及对平滑肌细胞的直接作用，进一步肯定辛弗林为促进胃肠运动的有效成分之一。

3. 对肠运动的作用 采用改良的酚红含量测定法测量辛弗林对小鼠肠运动功能的影响。结果显示，中药枳壳水煎剂和辛弗林对正常小鼠胃排空无影响，但能促进正常小鼠小肠推进；同时两者皆能抵抗肾上腺素所致的小鼠胃排空、小肠推进抑制，但对阿托品所致的小鼠胃排空、小肠推进抑制没有明显影

响。枳壳水煎剂和辛弗林均能抑制家兔离体小肠运动。随剂量加大而作用加强，枳壳的抑制效应通过以 5－HT 受体介导，由直接对平滑肌抑制作用为主，辛弗林主要通过介导 5－HT、Adr 受体和直接对平滑肌作用产生上述抑制效应。

4. 其他作用　辛弗林有较强的扩张气管和支气管的作用。麻醉猫静脉注射试验结果表明，辛弗林可完全对抗组织胺所引起的支气管收缩。对鼠离体气管亦有同样的作用。近年来国外研究发现，辛弗林还具有提高新陈代谢、增加热量消耗、氧化脂肪的作用，能够缓解轻度和中度抑郁症状，改善心情等。

五、柚皮苷

柚皮苷分子式为 $C_{27}H_{32}O_{14}$，分子结构如图 9－6 所示。柚皮苷主要存在于芸香科植物葡萄柚、橘、橙的果皮和果肉中，柚皮苷也是中草药骨碎补、枳壳、橘红的主要有效成分。各种植物中柚皮苷含量随品种、产地的不同而有较大差别，通常未成熟的果柚皮含量更高。

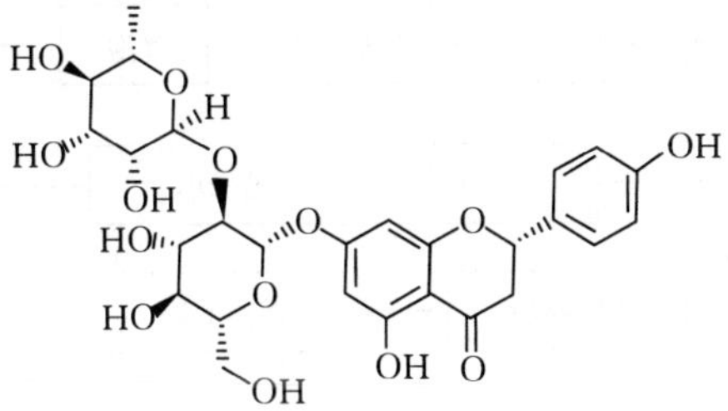

图 9－6　柚皮苷分子结构

柚子富含柚苷，其含量达果实重量的 1%左右，主要存在于果皮、囊衣和种子中，它是柚果中的主要苦味物质。

（一）提取

柚皮苷的提取方法有热水浸提法、碱提酸沉法和有机溶剂提取法。热水浸提法虽简便易行，但杂质浸出多，不利于分离纯化。碱提酸沉法需严格控制浸提液的 pH，碱性过大会破坏柚皮苷的母核结构及其他有效成分，不利于资源的综合利用；酸性过大会使析出的柚皮苷又重新溶解，降低产品的收率。有机溶剂提取法常采用的溶剂为甲醇或乙醇，相比之下乙醇的安全性更高。下面介绍几种常见的提取方法。

1. 超声波辅助提取法 超声波辅助提取技术是一种新的提取分离技术。它主要是利用超声波的非热作用——机械作用、空化作用和传统的溶剂萃取法或碱提酸沉法相结合的原理。超声波在介质传播过程中引起介质质点加速度增大，这也就加大了溶剂进入提取物细胞的渗透性，从而强化了提取过程。而当空化作用产生时，在固/液非均相体系的接口发生气泡爆破，破坏了植物的细胞壁，再加上碰撞次数增多、物质交换次数也就增多，细胞膜的透过能力得到增强，使萃取效率提高。具体提取过程如下。

将新鲜柚皮恒温 40～50 ℃干燥、粉碎至 1～2 mm，称取 100 g 用 500 mL 水浸 30～45 min，玻棒搅拌使之充分吸水松软化，洗涤至无色，滤干。在 25 ℃下，浸入 400 mL 饱和石灰水中，用 25 kHz 频率超声辐射 30 min，再用 NaOH 溶液调节 pH 为 13，减压抽滤除去柚皮渣，滤液用 HCl 中和至 pH 为 4.5，待晶体析出，过滤，70 ℃真空干燥，得柚皮苷粗品。将粗品用碱性酒精溶解，过滤，滤液再用 HCl 调至 pH 为 5，收集沉淀物，再经酒精洗涤一次，最后再用水洗至接近中性，70 ℃真空干燥，即得精制柚皮苷产品，其工艺流程如图 9-7 所示。

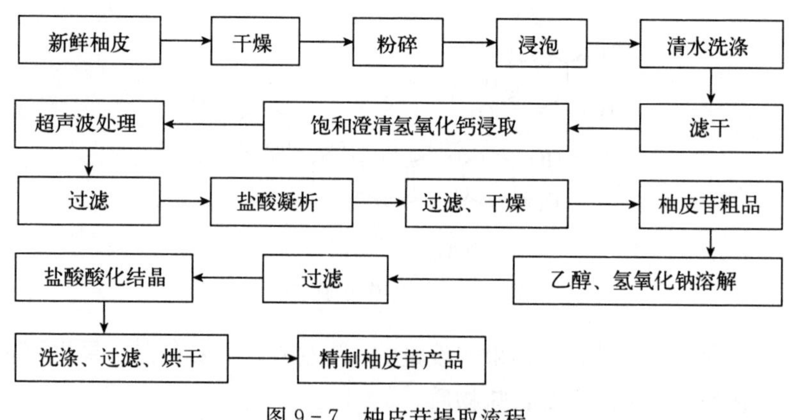

图 9-7 柚皮苷提取流程

2. 溶剂萃取法 溶剂萃取法主要是利用柚皮苷在有机溶剂（甲醇或乙醇）中溶解度较大的原理，直接从柚皮中萃取柚皮苷。溶剂萃取法提取柚皮苷不仅可使柚皮苷得到有效的提取和分离，而且对柚皮的其他活性成分无破坏作用，其残渣还可用于果胶或纤维素等生理活性成分的制备，或直接作为人类膳食纤维的来源应用于食品加工，因而更有利于资源的综合利用。

3. 二氧化碳超临界萃取法 二氧化碳超临界萃取技术的原理是利用超临

界二氧化碳对某些天然产物具有的特殊溶解作用，利用超临界二氧化碳的溶解能力与其密度的关系，即利用压力和温度对超临界二氧化碳溶解能力的影响而进行的。在超临界状态下，将超临界二氧化碳与待分离的物质接触，使其有选择性地根据极性大小、沸点高低和分子量大小把成分依次萃取出来，然后借助减压、升温的方法使超临界流体变成普通气体，被萃取物质则完全或基本析出，从而达到分离提纯的目的。有学者在采用二氧化碳超临界萃取法从柚子种子中提取柚皮苷，在 41.1MPa 的压力下、50 ℃的提取温度、20%的乙醇浓度、流动相保持 5.0 L/min 的条件下提取 40 min，柚皮苷最高提取率可达到 0.2 mg/g（种子）。

（二）化学特性

柚皮苷为白色至淡黄色结晶性粉末。通常情况下含有 6～8 个结晶水，熔点 83 ℃。在 110 ℃条件下干燥至恒重得到含 2 个结晶水的晶体，熔点为 171 ℃。柚皮苷的味感较苦，浓度在 20 mg/kg 的水溶液仍有苦味。微溶于水，易溶于热水、乙醇、丙酮和温热的冰乙酸中。结构中存在酚羟基，其水溶液呈微弱酸性。

（三）生物活性

柚皮苷是一种双氢黄酮类化合物，在波长 282 nm 有强烈的紫外吸收峰，使柚皮苷显示多种生物学活性和药理作用。大量研究表明，柚皮苷在降血脂、镇静、抗氧化、抗肿瘤、抗真菌、抗动脉粥样硬化等方面具有一系列的生物活性。

1. 抗氧化作用　由于柚皮苷广泛存在于各种柑橘属植物的果实中，所以食物中柚皮苷的抗衰老、抗氧化作用便十分引人关注，使得柚皮苷的抗氧化作用在有争议的情况下仍成为目前人们研究最多的一个问题。柚皮苷的抗氧化作用主要与其对 CAT、GSH－Px、SOD 和 TBARS 的作用有关。这种氧化作用可以降低铁离子对细胞的氧化作用。有报道显示，柚皮苷对 Fe－NTA 引起的急性肾损伤、甘油引起的横纹肌溶解造成的急性肾衰竭均表现出明显的防护作用。

2. 抗菌作用　有报道显示，柚皮苷有抗真菌作用。柚皮苷可以抑制青霉菌生长半径，并通过显微观察发现其能够抑制青霉菌孢子的形成。对不同种属的抗菌试验证明，柚皮苷只对假单胞菌属有轻微的抑制作用（128 mg/L，抑制率 37.5%），对葡萄球菌、志贺氏菌、沙门氏菌、大肠杆菌均没有抑制作用。

3. 抗肿瘤的作用 黄酮类物质抗细胞凋亡的作用已经受到人们的广泛重视，围绕柚皮苷抵抗引起细胞凋亡和癌变的化学因素和物理因素进行的试验很多。有学者在该方面进行了系列研究，研究的化学因素包括阿拉伯糖苷胞核嘧啶引起的氧化细胞凋亡、过氧化氢引起的细胞凋亡、脂多糖引起的小鼠休克和降低含氮氧化物产生的作用等。同时也有学者对抗冈田酸引起的细胞凋亡的作用进行了研究，发现柚皮苷可显著降低其对细胞骨架的破坏。柚皮苷和柚皮素对细胞凋亡的比较试验发现，柚皮素能引起细胞凋亡，柚皮苷作用不明显。同时，柚皮苷对辐射引起的细胞凋亡和氧化也有一定的抑制作用。

4. 降血糖作用 柚皮苷通过抑制胰腺 B 细胞因氧化而导致的凋亡，调控脂肪酸、胆固醇和葡萄糖代谢酶的表达水平及活性，柚皮苷可以促进肝脏内糖的分解，降低肝糖浓度，从而达到对早期糖尿病及并发症的预防作用。

5. 其他药理活性 柚皮苷的其他药理活性主要表现为抗溃疡、祛痰、平喘，以及对肾脏、神经、内分泌系统功能的影响等。总之，柚皮苷是一个药理活性确切、功用广泛的黄酮类化合物，具有广阔的开发和利用前景，其相关研究工作还应进一步开展。

（四）实际应用

1. 化学上的应用 柚皮苷作为一种重要的原料广泛应用在化学合成中，如以柚皮苷为模板分子，壳聚糖为膜材料，通过硫酸交联在水相中制备了水相识别柚皮苷分子印迹壳聚糖膜。柚皮苷还用作回收鼠李糖的原料，可用 4%的硫酸水解，得到相当于原料约 20%的鼠李糖结晶。还可以用酶水解来制取鼠李糖。

2. 食品上的应用 柚皮苷可作为天然抗氧化剂广泛应用于食品科学中。研究发现，柚皮苷有很明显的改善动物肉的亮度和黄度的作用，对肉红度的影响先是降低再回升。综合考虑球蛋白沉淀反应和新鲜度感官指标，应该选择 5 g/kg 的柚皮苷作为猪肉等动物肉的天然抗氧化剂和防腐保鲜剂，效果比较显著。由于柚皮苷有苦味，其可作为食品和饮料的苦味添加剂，在柑橘风味的食品中亦可用其来调节风味。

主要参考文献

蔡护华，桥永文男，1996. 柑橘果实中柠檬苦素类化合物的研究现状与展望 [J]. 植物学报 (4)：328-336.

陈源，余亚白，钱爱萍，等，2012. 柑橘果实不同部位氨基酸的测定与分析 [J]. 山地农业生物学报，31 (5)：389-392.

程绍南，1994. 柑橘对人体的生理调节机能 [J]. 中国柑橘 (1)：39-40.

程绍南，2012. 韩国发展香橙产业的做法及启示 [J]. 农产品加工（创新版）(8)：41-42.

丁帆，刘宝贞，邓秀新，等，2010. 6 个甜橙品种果汁的后苦味分析 [J]. 华中农业大学学报，29 (4)：497-501.

范正国，章湘云，2000. 柑橘果皮综合利用的研究 [J]. 湖南化工 (4)：36-37.

方修贵，曹雪丹，赵凯，2011. 澄清型柑橘果汁砂囊饮料的生产技术 [J]. 浙江柑橘，28 (3)：26-27.

方修贵，林媚，郑益清，2001. 浙江省主栽柑橘品种制汁特性研究（初报）[J]. 浙江柑橘 (3)：33-34.

方修贵，林媚，郑益清，等，2001. 柑橘碎凝胶砂囊饮料生产技术研究 [J]. 食品工业科技 (5)：57-58.

方修贵，孙晶，徐建国，等，2009. 金柑果糕的生产技术 [J]. 浙江柑橘，26 (1)：36.

方修贵，祝慕韩，郑益清，1999. 果胶及其生产工艺 [J]. 食品工业科技 (6)：34-35.

高文霞，雷新响，于明，等，2010. 瓯柑化学成分研究 [J]. 温州大学学报（自然科学版），31 (4)：11-15.

葛冬梅，王震，2012. 利用氨基酸分析仪对橙汁中脯氨酸定量研究 [J]. 食品科技，37 (5)：71-73.

郭辉，张斌，钱俊青，2014. 柑橘皮精油分离纯化工艺及其抗炎活性研究 [J]. 食品工业，35 (1)：168-171.

韩燕，吴厚玖，窦华亭，2010. 中国甜橙果汁色泽的定量评价 [J]. 食品科学，31 (9)：16-18.

何绍兰，邓烈，江东，等，2007. 三峡库区橙汁加工品种的筛选与配套研究 [J]. 亚热带植物科学，94 (1)：10-12，16.

黄新忠，雷龑，陈小明，等，2010. 福建山橘、金豆野生资源调查与分析 [J]. 植物遗传资源学报，11（4）：509－513.
焦士蓉，王玲，李燕平，等，2007. 柑橘籽油理化特性及脂肪酸组成研究 [J]. 中国油脂，195（5）：75－77.
赖崇德，涂晓赟，张智平，等，2007. 柑橘类果汁苦味物质去除方法的研究进展 [J]. 江西科学，104（6）：720－725.
李巧巧，雷激，2006. 酰胺化果胶的特性、应用及生产和研究状况 [J]. 食品科技（5）：67－71.
李玉山，2009. 橙皮苷研究新进展 [J]. 科技导报，27（22）：108－115.
陆胜民，尹颖，陈剑兵，等，2012. 低分子柑橘果胶抗前列腺癌细胞活性的评价 [J]. 食品科技，37（8）：208－211，215.
陆胜民，2010. 世界柑橘生产、贸易、加工的历史、现状与发展趋势 [J]. 食品与发酵科技，46（6）：63－68，71.
马培恰，吴文，唐小浪，等，2008. 广东几个汁用甜橙品种的营养成分及香气组分初探 [J]. 广东农业科学，216（3）：18－20.
毛华荣，傅虹飞，王鲁峰，等，2009. 不同柑橘品种生理落果中橙皮苷和辛弗林含量测定 [J]. 食品科学，30（14）：223－226.
朴香兰，2008. 香橙化学成分的分离与鉴定 [J]. 中央民族大学学报（自然科学版），43（3）：36－39，56.
钱爱萍，林虬，余亚白，等，2008. 闽产柑橘果肉中氨基酸组成及营养评价 [J]. 中国农学通报，168（6）：86－90.
全国柑橘罐藏品种研究协作组，1981. 柑橘汁用品种的研究 [J]. 中国柑橘（1）：33－36.
石学根，方修贵，曹雪丹，2009. 柑橘果茸与果汁联产工艺技术 [J]. 食品工业科技，30（3）：210－211.
唐会周，秦刚，2010. 修饰柑橘果胶生理功能研究进展 [J]. 食品与发酵科技，46（2）：6－9.
王建安，江海，陈文强，等，2013. 柑橘组织中橙皮苷的分析 [J]. 湖北农业科学，52（7）：1659－1662.
王伟江，2005. 天然活性单萜——柠檬烯的研究进展 [J]. 中国食品添加剂（1）：33－37.
韦媛媛，陈忠坤，肖芳，等，2011. 广西不同品种柑橘皮中橙皮苷含量测定 [J]. 食品科技，36（10）：256－258.
邬应龙，袁长贵，康珏，2006. 纯胶的乳化特性及其应用 [J]. 食品科技（9）：167－170.
吴桂苹，2007. 柑橘果实主要类黄酮成分检测及含量分析 [D]. 重庆：西南大学.
吴厚玖，邓烈，何绍兰，等，2006. 锦橙、冰糖橙和大红甜橙制汁适应性及其果汁调配研究 [J]. 中国南方果树（3）：1－5.
吴厚玖，焦必林，王华，等，1991. 几个柑橘品种加工制汁适应性研究 [J]. 中国柑橘（3）：28－30.
吴厚玖，孙志高，王华，2006. 试论我国柑橘加工业发展方向 [J]. 食品与发酵工业（4）：

85-89.

谢姣，王华，马亚琴，2010. 几种柑橘品种制汁适应性评价研究［J］. 食品科学，31（17）：153-157.

许长卿，2005. 期盼非浓缩还原型橙汁能撑起我国橙汁类型饮料发展的蓝天［J］. 饮料工业（1）：13-15，27.

杨博友，1987. 新型食品添加剂——果胶［J］. 精细化工信息（5）：8-11.

尹波，吴笑臣，张小洪，2011. 脐橙榨汁脱苦工艺研究［J］. 农业机械（20）：146-148.

张氽，贾小丽，李敏，等，2009. 柑橘类种籽的研究与利用［J］. 食品研究与开发，30（6）：157-160.

张凤仙，刘梅芳，1995. 15 种植物果胶含量及其甲氧基的测定［J］. 植物学通报（S1）：69-70.

张红艳，员丽娟，宋文化，等，2008. 秭归地区 6 个夏橙品种果实主要矿质元素含量和糖酸等营养品质的比较［J］. 华中农业大学学报（4）：522-526.

张诗玲，徐瑞敏，2007. 红葡萄酒苹果酸—乳酸发酵控制与检验方法［J］. 酿酒（6）：84-85.

张淑玲，江波，王文智，2004. 甜橙乳化香精的生产工艺［J］. 食品与发酵工业（10）：77-80.

赵淼，吴延军，蒋桂华，等，2008. 柑橘果实有机酸代谢研究进展［J］. 果树学报（2）：225-230.

赵淼，2008. 柑橘果实有机酸代谢及调控研究［D］. 合肥：安徽农业大学.

赵文红，白卫东，彭海嫦，等，2009. 柑橘类乳化香精生产技术［J］. 中国食品添加剂，94（3）：53-57，47.

郑立辉，吴高明，2002. 柑橘加工技术研究现状及对策［J］. 武汉工业学院学报（4）：18-22.

周心智，张龚，张义刚，等，2010. 13 个甜橙品种（系）在成熟期果实品质的变化［J］. 西南师范大学学报（自然科学版），35（5）：121-124.

图书在版编目（CIP）数据

柑橘加工实用技术 / 方修贵主编 . —北京：中国农业出版社，2023.8

ISBN 978-7-109-30769-8

Ⅰ.①柑…　Ⅱ.①方…　Ⅲ.①柑桔属－水果加工　Ⅳ.①TS255.3

中国国家版本馆 CIP 数据核字（2023）第 101870 号

中国农业出版社出版

地址：北京市朝阳区麦子店街 18 号楼

邮编：100125

责任编辑：廖　宁

版式设计：书雅文化　　责任校对：吴丽婷

印刷：北京中兴印刷有限公司

版次：2023 年 8 月第 1 版

印次：2023 年 8 月北京第 1 次印刷

发行：新华书店北京发行所

开本：700mm×1000mm　1/16

印张：11.5

字数：210 千字

定价：48.00 元
